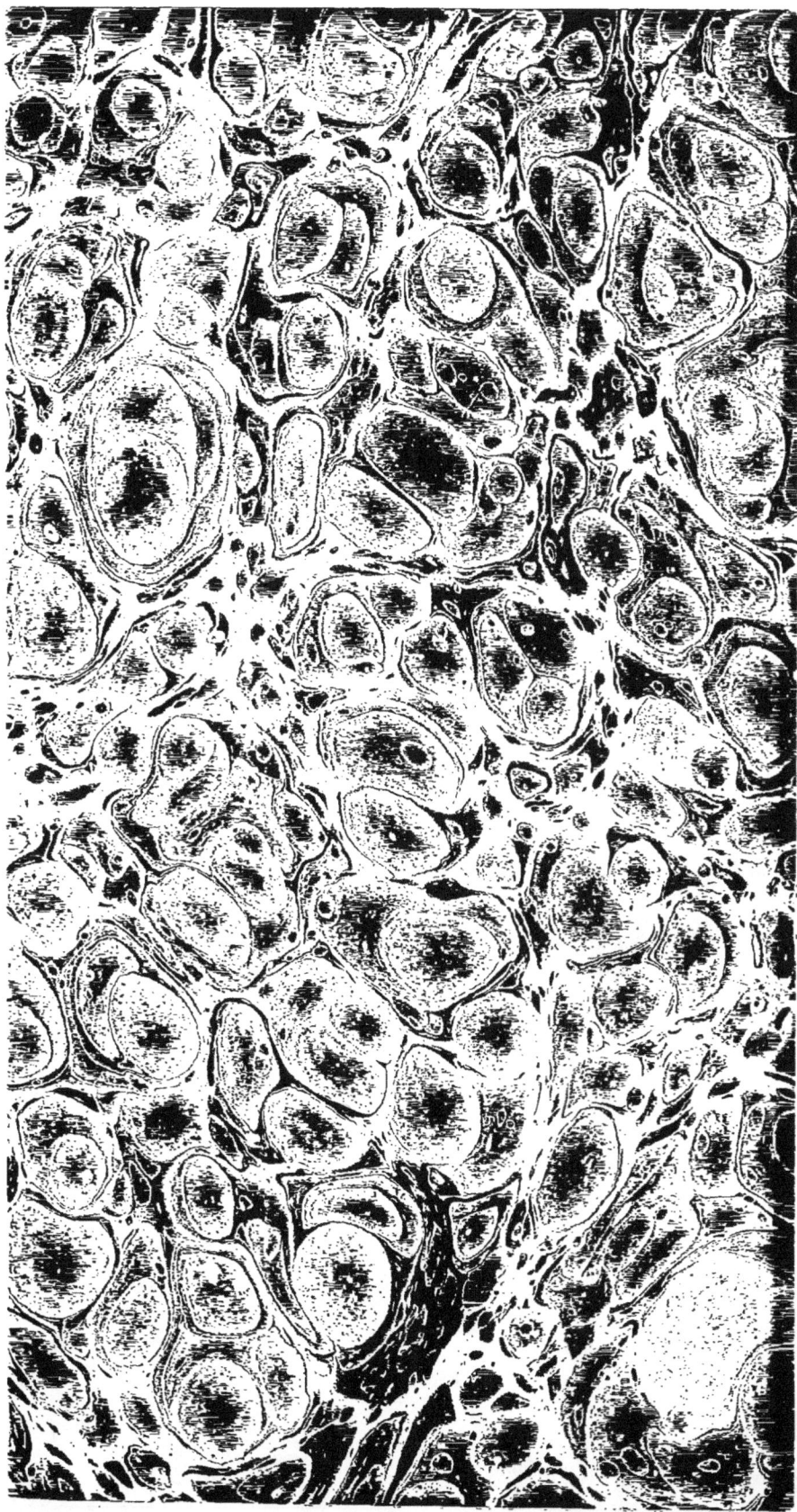

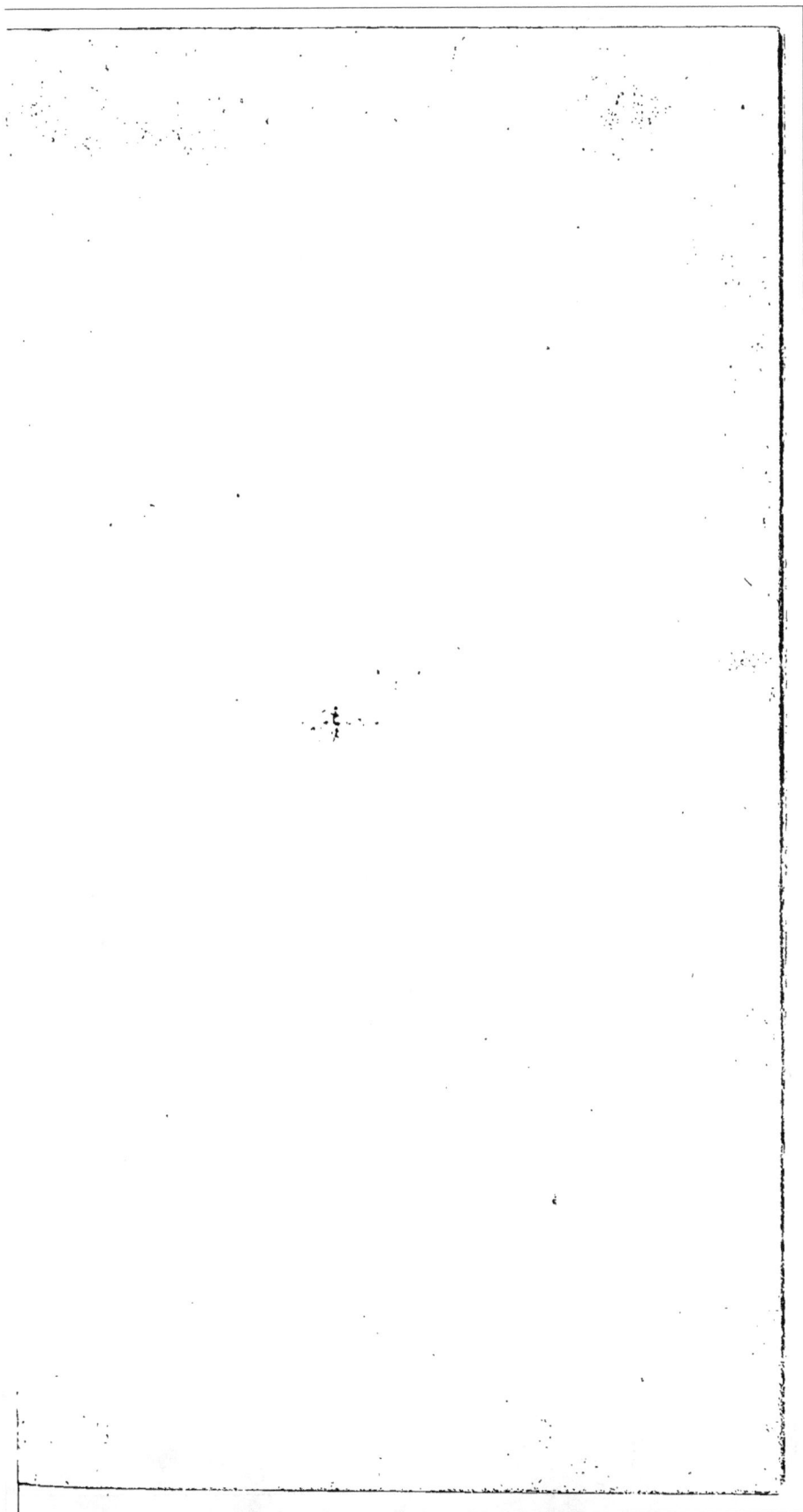

T 3962.
A.V.

ESQUISSES
PHRÉNOLOGIQUES

ET

PHYSIOGNOMONIQUES,

OU PSYCHOLOGIE

des Contemporains les plus célébres,

SELON LES SYSTÈMES DE

GALL, SPURZHEIM, DE LA CHAMBRE, PORTA ET J.-G. LAVATER,

Avec notes bibliographiques, remarques historiques, physiolo-
giques et littéraires, extraites des meilleurs auteurs anciens et
modernes, et quarante portraits d'Illustrations contemporaines,

PAR THÉODORE POUPIN.

TOME PREMIER.

PARIS,

LIBRAIRIE MÉDICALE DE TRINQUART,

RUE DE L'ÉCOLE DE MÉDECINE, 9.

1836,

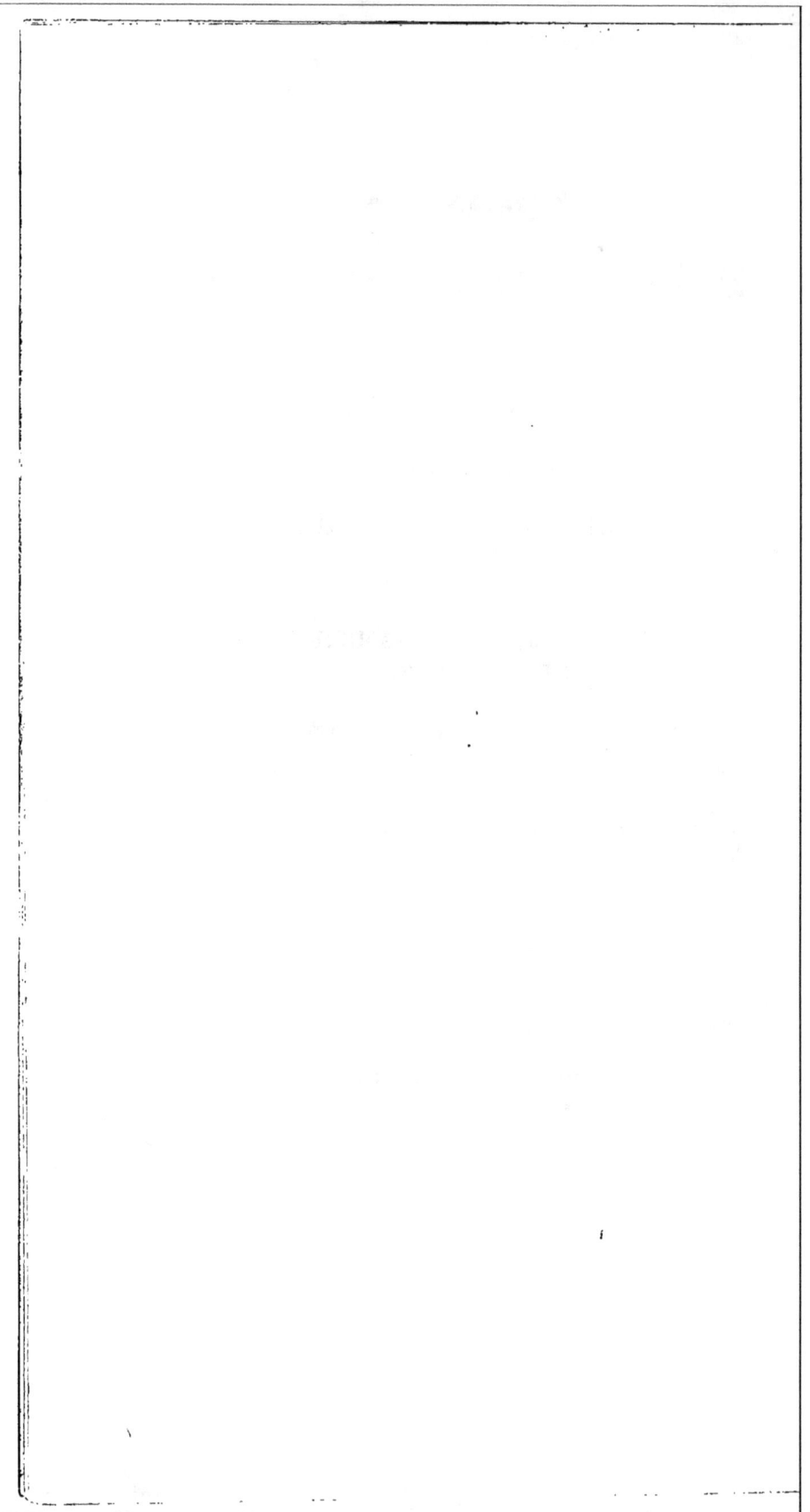

SECTION PREMIÈRE.

GÉNÉRALITÉS

PHRÉNOLOGIQUES

ET

PHYSIOGNOMONIQUES.

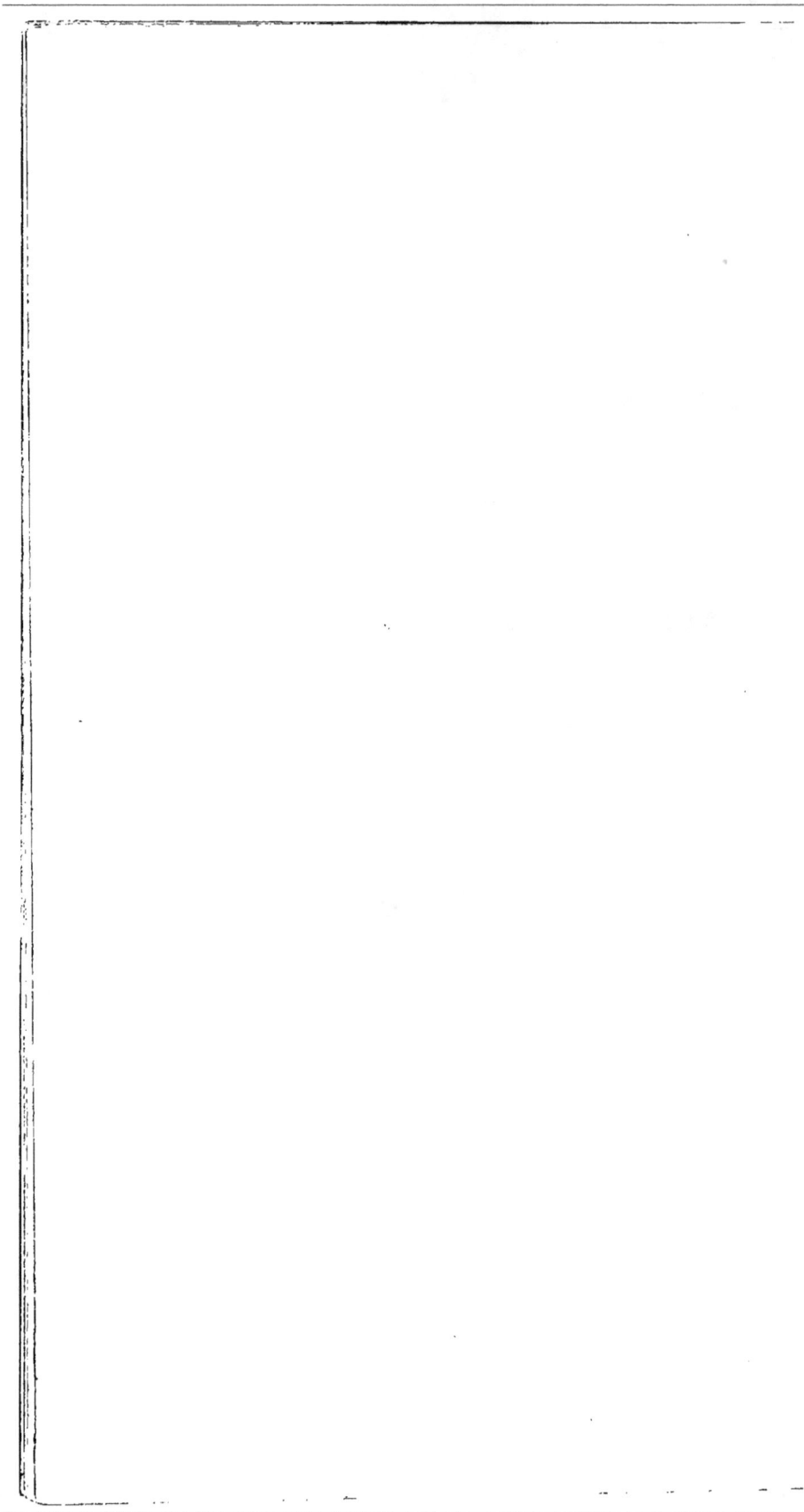

ESQUISSES

PHRÉNOLOGIQUES

ET

PHYSIOGNOMONIQUES.

Magnis tamen excidit ausis.

JULES JANIN.

À

Mon indulgent Ami

J. JANIN.

Paris, le 30 Novembre 1835.

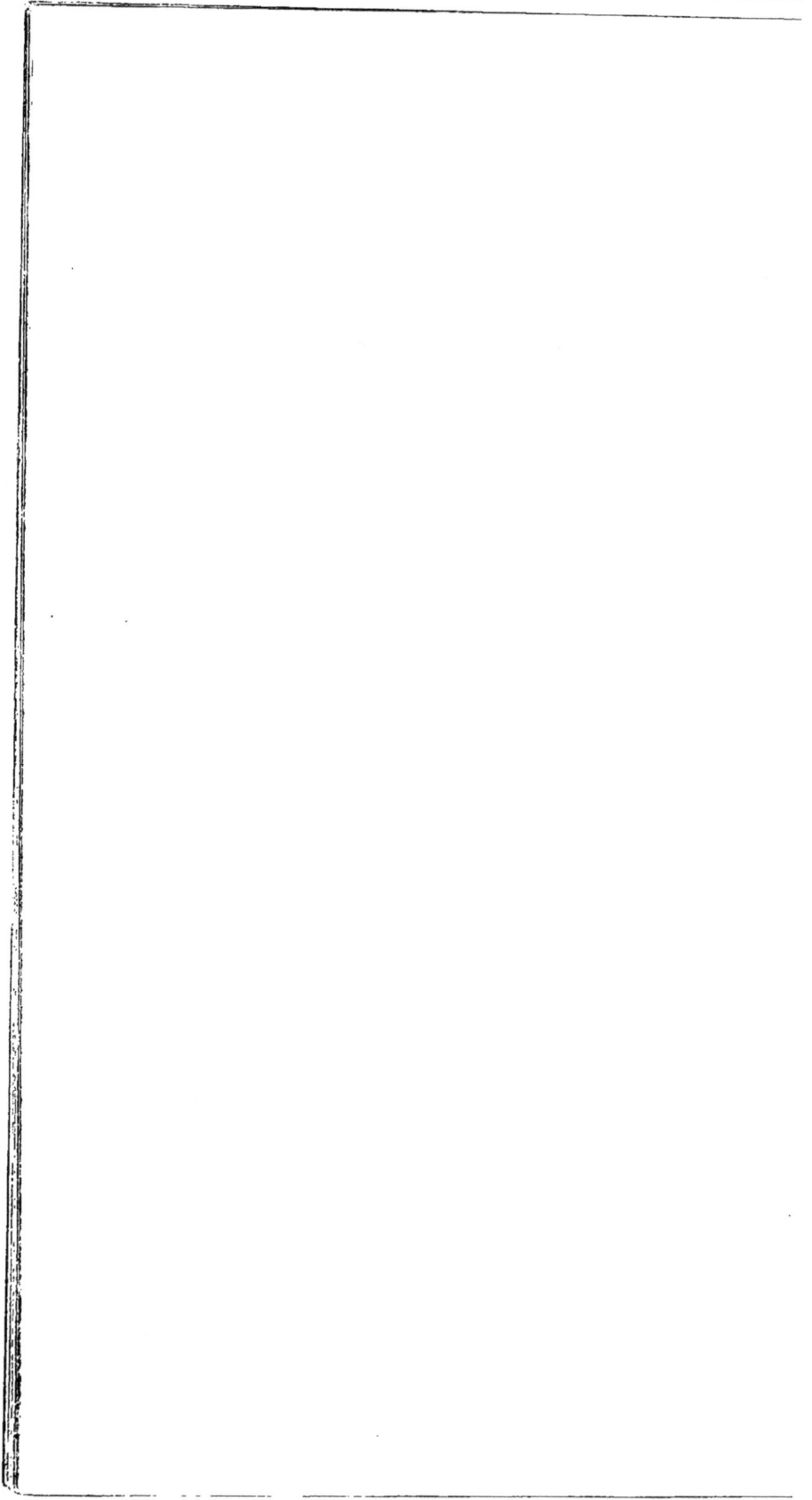

Je ne viens point à toi sur de fausses maximes,
Excuser mes erreurs, ni rejeter mes crimes.

Mᵐᵉ. DESHOULIÈRES.

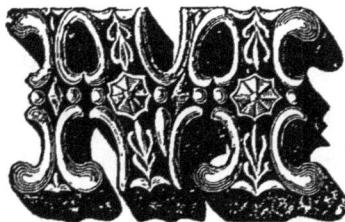

ERCI, Gall, Spurzheim, de la Chambre, Lavater ; merci, Montaigne, merci, Charron ; merci, La Harpe, La Fontaine, Rabelais, Juvénal, Horace, Longin, Sénèque, La Rochefoucault, Ovide et Pascal; merci, Bourdaloue, Massillon, Bossuet; merci, mille fois merci,

aimables Scudéri, de Gournay, de Genlis,
Guizot; merci, nobles dames; merci aussi à
vous, MM. de Châteaubriand, de Lamartine,
Degérando, Alibert, Thiers et Victor Hugo.
O cent fois merci, surtout à vous, Jules Janin,
à vous qui m'avez permis de m'abriter à
l'ombre de votre génie. Merci enfin à vous tous
écrivains anciens et modernes qui m'avez éclairé et inspiré; merci encore pour les nombreux
emprunts que je vous ai faits. Oh! je suis un
rude débiteur, n'est-ce pas? Enfin, enfin, grâce
à vous tous grands et petits, j'ai fini mon livre!

Mon livre! Puis-je appeler ainsi ces quelques
milliers de lignes impatientes de voir le jour
et de s'éparpiller librement dans le monde?
Sans doute ces deux volumes dédiés au plus
aimé et au plus détesté des écrivains du siècle,
m'ont coûté bien des heures laborieuses; mais
tout cela constitue-t-il un livre? en vérité,
je n'en sais rien.

En lisant ces esquisses , beaucoup de gens , M. Alphonse Karr, tout le premier, me compareront au grave docteur Fischerwal; en effet tout est singulier dans la composition de ce livre; d'autres, et ce sera le plus grand nombre, ne verront là qu'un *memorandum* informe , un amas incohérent de notes éparses , c'est encore vrai. J'avoue franchement que chacun de mes articles a été fait sur des brouillons amassés depuis long-temps et inspirés par mille sujets divers, au fur et à mesure qu'ils m'étaient présentés par les auteurs que je consultais. De là , ce mélange presque continuel, peut-être fatigant, de prose et de vers; de faits historiques, de morale et de bons mots.

Donc, ces esquisses que je livre au public, ne sont qu'un vaste *Capharnaüm* où tout se trouve confondu : Phrénologie , Philosophie , Physiognomonie , vers , axiomes , religion , théâtres, voire même la politique (Dieu me pardonne), tout y est pêle-mêle, droit, règles et usages. Molière donne la main à Bourdaloue. J.-J. Rousseau à Voltaire. Hélas ! que de grandes pensées, que de nobles idées refroidies sous ma plume! O pardon, pardon, mânes des grands hommes que j'ai pillés? Sonne la trompette sacrée de la résurrection, et je m'engage à vous rendre compte des larcins que j'ai cru devoir et pouvoir vous faire dans l'intérêt du public et de mon livre.

A vous, Martial, Virgile, d'Aubigné, Brantôme, il vous sera restitué bien des pages du premier volume. Par pitié, M. l'abbé Prévost, ne grondez pas si haut. Dulaure, Mercier, Saint-Foix, nobles modèles, votre part sera belle aussi. A vous Balzac, à vous président Hesnault, à vous Pelisson, Scarron, Amiot, Mézerai, Conrad, Gassendi ; à vous aussi Platon, Arioste, Delille, à vous appartient presqu'en entier mon second volume.

Il faut rendre à César ce qui est à César ; aussi, *mes maîtres*, tout vous sera rendu ; mais attendez, car, sans cela, dites-moi, je vous prie, que deviendrait mon livre ? C'est à peine si je pourrais faire vingt pages d'un in-18, de l'esprit qui me revient sur ces deux volumes, et pourtant ma main tremble, mon cœur se serre en voyant ces pauvres enfans aux mille pères entrer dans le monde.

Pauvres enfans !

Tendez-leur une main secourable, accueillez-les avec indulgence, je vous prie, et pardonnez aux efforts d'un pauvre nouveau-venu, comme moi, qui s'appuie humblement sur de si grandes autorités.

GÉNÉRALITÉS

PHRÉNOLOGIQUES

ET PHYSIOGNOMONIQUES.

SECTION PREMIÈRE.

CHAPITRE PREMIER.

DE LA PHRÉNOLOGIE.

> La Phrénologie deviendra la science des sciences
> *Le Docteur* PERRAUDIN.

CETTE doctrine nouvelle encore, mais déjà authentiquement classée parmi les sciences, reconnait le docteur Gall pour son père et pour son maître. Elle s'appelait d'abord *Crânologie,* c'est-à-dire connaissance du crâne.

Le docteur Gall, bien qu'il reconnût que la boîte osseuse, le crâne, n'était que l'empreinte fidèle des circonvolutions du cerveau, avait commencé par ne désigner comme signes d'une plus ou moins grande disposition à certains talens et à certains caractères, que de certaines *bosses*, ou, pour parler plus correctement, certaines dépressions et élévations du crâne.

Plus tard, Spurzheim, son collaborateur pendant neuf années d'expériences et d'études, pensa avec raison, que les noms pouvant exprimer des pensées, il serait convenable de régénérer la découverte de Gall par une qualification en harmonie avec l'impulsion neuve et beaucoup plus large qu'elle avait reçue depuis son origine. En conséquence, et comme témoignage du triomphe de sa doctrine, il l'appela du nom à jamais immortel qu'elle porte aujourd'hui, *Phrénologie*, de deux mots grecs φρὴν esprit, et λόγος discours.

Tout en reconnaissant la justesse de cette dénomination, nous pensons pourtant qu'il eût été convenable de laisser à la science son

premier nom, par respect pour la mémoire de
l'inventeur, et Spurzheim lui-même, n'était
peut-être pas éloigné de partager notre opinion
lorsqu'il a dit dans un de ses ouvrages :

« J'ai choisi ce nom pour désigner ex-
plicitement la connaissance des phénomènes
mentaux et leur rapport avec la physique. »

La briéveté de ce chapitre prouve assez, que
notre intention n'est pas de traiter ici des recherches qui ont pour objet la nature de l'âme,
son origine et son siège. Le but de ce livre est
double : instruire et amuser. Aussi, dédaignant
cet échafaudage de profondeur prétentieuse
qu'il nous serait pourtant si facile d'élever en
ouvrant Saint-Irénée, Platon et Tatien, nous
renverrons ceux de nos lecteurs que notre lais-
ser-aller pourrait ne pas satisfaire, aux livres
de Saint-Ambroise, de Locke ou de Descartes;
car, en vérité, le courage et l'habileté nous manquent pour analyser ou compiler avec succès
cet amas poudreux d'érudition fastueuse et fu-
ribonde. Toutefois, comme il n'est pas inutile
à l'intelligence des doctrines phrénologiques

de savoir comment l'âme agit sur le corps, nous prierons nos lecteurs de feuilleter non pas Gassendi ni Voltaire, mais les ouvrages qu'un fort aimable homme, M. C. Chardel a écrits sur ces matières. (1)

Nous nous bornerons, nous qui voulons être concis, tout en signalant à votre attention les phénomènes mentaux, à vous donner l'aperçu le plus rapide que faire se pourra des appareils organiques à l'aide desquels ces phénomènes se produisent.

---

(1) Ces ouvrages, tirés à peu d'exemplaires, et fort recherchés, sont: *Esquisses de la Nature*, 1 vol. in-8, et *Essai de Psychologie physiologique*, 1 vol. in-8 ; c'est probablement de ce dernier ouvrage que parle l'auteur de ces esquisses.

(*Note de l'Éditeur.*)

CHAPITRE II.

DE LA PHYSIOGNOMONIE.

> Le corps est l'image de l'âme.
>
> Sulzer.

La Physiognomonie est la *science* à l'aide de laquelle on peut connaître l'intérieur de l'homme par son extérieur, l'âme par le corps, c'est l'art d'apprécier à l'aide de certains indices ce qui ne frappe pas immédiatement les sens.

« Quand je parle, dit Lavater, de la Phy-
» siognomonie *en tant que science*, je com-
» prends sous le terme de Physiognomonie
» tous les signes extérieurs qui se font immé-
» diatement remarquer dans l'homme. Cha-
» que trait, chaque contour, chaque modi-
» fication active ou passive, chaque attitude
» et position du corps humain; en un mot tout

» ce qui peut servir à faire connaître immé-
» diatement l'homme, soit actif, soit passif et
» à le montrer tel qu'il est. »

La Physiognomonie est donc la *science* qui enseigne à connaître le rapport de la surface visible avec ce qu'elle embrasse d'invisible, de la matière animée et perceptible avec le principe non perceptible qui lui-même imprime au corps ce caractère de vie ; de l'effet manifesté avec la force cachée qui le produit.

Dans un sens plus restreint, la Physionomie n'est que l'air du visage, et la *science* Physiognomonique, l'art de connaître les traits du visage et leur expression.

On a peut-être déjà remarqué, avec quelle ténacité nous insistons sur le mot *science*, c'est parce que nous avons souvent entendu répéter autour de nous, que la Physiognomonie n'était pas et ne pouvait pas être une science. Pourquoi, je vous prie ? La Physiognomonie n'a-t-elle pas comme l'arithmétique des principes invariables qu'on peut apprendre, enseigner ou

transmettre? Un système qui a un caractère
certain et des règles précises, est une science!
et quelle science plus intéressante que celle-là?
Elle pénètre dans les secrets les plus cachés de
l'âme, elle en suit tous les détours, tous les
mouvemens intimes, toute la puissance occulte,
toute la faiblesse ; elle en devine toutes les ressources, elle en dit à l'avance tous les instincts,
tous les vices et toutes les vertus.

Il n'entre pas dans notre but de traiter
la Physiognomonie purement et simplement
comme une science. Il nous arrivera souvent
de présenter à côté de simples sensations, des
observations précises et bien déterminées ;
souvent aussi, laissant à des observateurs plus
judicieux le soin de chercher dans le visage de
l'homme les moindres nuances du caractère,
nous n'indiquerons, nous, que les nuances
Physiognomoniques, et, quand nous aurons
guidé le regard du lecteur, nous laisserons
agir son esprit et son cœur.

Laissez dire au vulgaire, en parlant de la
Physiognomonie, *étude frivole!* Pas si frivole!

puisqu'il est vrai que toute personne tant soit
peu intelligente et douée du penchant à l'observation, est naturellement physionomiste;
mais là s'arrête le premier jugement de ceux
qui n'ont fait aucune étude physiognomonique;
ceci, c'est le hasard du premier coup-d'œil.

La Physiognomonie est le résultat certain
d'une science, science qu'il faut apprendre,
et qui a, comme toutes les sciences de ce monde,
son but, son plan, ses règles générales, ses for-
mules, son sens caché et sa philosophie. A nos
yeux, Lavater est aussi bien un savant et un
philosophe que Descartes ou le docteur Kant.

CHAPITRE III.

HISTOIRE

DE LA SCIENCE

PHRÉNOLOGIQUE.

> Celui qui veut traiter d'une science, doit s'attacher avant tout à l'histoire de cette science.
>
> *Victor* Cousin.

Jeune encore, le docteur Gall, se distingua par un penchant prononcé à l'observation et à la réflexion ; dans les écoles , et plus tard à l'université de Strasbourg, il remarqua parmi ses camarades de grandes différences de conformation, et d'infinies variétés de caractère et de talens.

Gall avait une mémoire paresseuse; il s'aperçut un jour, qu'un de ses condisciples qui, dans les classes, concours, ou examens, l'emportait toujours sur lui, avait de grands yeux saillans : dès lors, il s'occupa de vérifier l'exactitude de ce fait et, après de nombreuses remarques, il commença à soupçonner qu'il pourrait bien exister un lien secret entre la mémoire et cette conformation des yeux.

Il se rendit en 1781 à Vienne, où il remarqua de nouveau que tous les professeurs et étudians allemands, dont on lui vantait la mémoire avaient toujours les yeux à fleur de tête; il apprit aussi à cette époque seulement, qu'on ignorait encore les fonctions du cerveau.

Gall pensait sagement que si la mémoire se reconnaissait à un signe extérieur, il pourrait en être de même des autres facultés intellectuelles ; il chercha d'abord des signes dans la forme générale de la tête, pour les facultés intellectuelles, dans le sens des écoles, telles que la mémoire, le jugement, l'ima-

gination. Mais les observations qu'il faisait
à cet égard étaient loin, bien loin d'être
satisfaisantes. Souvent au moment où il était
le plus content d'une observation, surve-
naient des exceptions comme pour l'avertir de
son erreur; mais pour cela le docteur Gall ne
perdait pas courage. Peu à peu il pensa que,
puisque la mémoire était indiquée par un
seul signe, il fallait chercher des signes extérieurs dans des endroits limités du crâne;
mais ce second mode de recherches ne lui
réussit pas mieux que le premier.

Un jour pourtant, on lui présenta une
jeune fille, qui, à l'exemple de Mozart, se
souvenait d'un concert entier, et qui, rentrée
chez elle, récitait ou notait tous les airs qu'elle
avait entendus. Cette jeune personne, d'une
mémoire infinie, n'avait pas les yeux saillans :
elle manquait ainsi à la première observation
de Gall! Un autre que lui se fût découragé : il
se contenta de chercher des signes extérieurs
pour des mémoires différentes, telles que la
mémoire des faits, des mots, des lieux, des
personnes.

Quelques individus connus par leur caractère bien prononcé, et auxquels Gall trouvait
des parties de la tête extrêmement développées,
lui donnèrent l'idée de chercher aussi dans le
crâne des signes pour les facultés morales. Un
mendiant, entr'autres, lui avoua que son orgueil l'avait seul réduit à la mendicité; que
dès sa plus tendre enfance, il s'était cru supérieur aux autres hommes, et qu'il n'avait, en
conséquence, jamais voulu rien apprendre; le
crâne de ce malheureux était très-saillant à son
sommet, et Lavater avait noté cette organisation comme le signe de l'*orgueil*.

Ces observations n'étaient pas conformes
aux opinions émises par les philosophes non
plus que par les physiologistes; le docteur Gall
voyant que la nature était en contradiction
avec les idées reçues, ou plutôt que les idées
reçues étaient en contradiction avec la nature,
déserta courageusement ces deux écoles. A
l'exemple des moralistes, il observa l'homme
en action, il étudia avec attention ces êtres à
part, génies inquiets et malheureux, qui
avaient secoué le joug de l'éducation et de

l'habitude, pour suivre, comme Cervantes, le Tasse, Malfilâtre et Gilbert, la route tracée à leur génie par la nature.

L'histoire, mais bien plus encore l'observation, lui prouvèrent que, selon notre destinée en ce monde, nous naissons tous poëtes comme M. Lamartine, M. Victor Hugo ou M. de Châteaubriand, circonspects comme M. Dupin l'aîné, habiles comme M. le prince de Talleyrand, peintres comme M. Paul Delaroche ou adroits comme Dupuytren.

Les crânes des célébrités contemporaines, leur dimension, leur configuration, devinrent, pour Gall comme pour nous, le sujet d'un examen approfondi, examen couronné d'un plein succès, puisque bientôt il découvrit qu'il existait un rapport constant et nécessaire entre le développement d'une partie cérébrale et une faculté déterminée. Ses recherches et ses observations multipliées l'amenèrent à la découverte de vingt-sept facultés fondamentales, qui se manifestent extérieurement par l'empreinte que laisse à la boîte osseuse, le développement analogue d'une portion cérébrale.

Nous avons souvent entendu critiquer la méthode suivie par le docteur Gall pour connaître les rapports des facultés mentales et de l'organisation, mais il faut bien le reconnaître, c'était alors la seule possible. Gall ne s'aveugla jamais sur les nombreuses défectuosités de son système, aussi ne tarda-t-il pas à rectifier ses premières idées; nous voyons dans son dernier ouvrage les vingt-sept facultés, dont nous avons précédemment parlé, désignées sous les noms suivants, savoir:

1. Instinct de la propagation.	13. Mémoire des personnes.
2. Amour de la progéniture.	14. Mémoire des mots, mémoire verbale.
3. Amitié.	
4. Courage.	15. Sens du langage, philologie.
5. Instinct carnassier ou penchant au meurtre.	16. Couleurs, peinture.
	17. Tons, musique.
6. Ruse, finesse, savoir-faire.	18. Nombres.
7. Convoitise, penchant au vol.	19. Mécanique, architecture.
8. Orgueil, fierté, amour de l'autorité.	20. Sagacité, comparaison.
	21. Esprit, profondeur.
9. Vanité, amour de l'approbation.	22. Causticité et esprit de saillie.
	23. Talent poétique.
10. Circonspection, prévoyance.	24. Bonté, science.
11. Mémoire des choses et des faits, etc.	25. Mimique.
	26. Dieu, la religion.
12. Sens des localités.	27. Fermeté, constance.

Maintenant, pour nous servir des prérogatives de l'historiographe, transportons le lecteur à Vienne en 1800, au moment où l'éloquent et infatigable docteur Gall démontre hautement que sans l'action du cerveau il serait impossible que l'âme se manifestât au dehors ; que les organes du cerveau se peuvent compter comme les facultés de l'âme, et qu'enfin le développement du cerveau se peut fort bien connaître par les développemens du crâne. Dans cette foule d'auditeurs attentifs à cette doctrine toute nouvelle, que n'avait pas trouvée le dix-huitième siècle, ce grand inventeur, il y avait un homme de génie, Spurzheim, observateur comme Gall, judicieux et profond comme lui, hier son élève, aujourd'hui son émule, quatre ans plus tard son collaborateur.

En effet, l'année 1804 vit le docteur Spurzheim se réunir à Gall pour suivre la partie anatomique de la science. Ils quittèrent Vienne vers 1805, pour voyager et faire des recherches sur l'anatomie et la physiologie du système nerveux. Depuis cette époque, jusqu'en 1813, ils mirent en commun toutes leurs observations ; pendant quatre ans Spurzheim contribua à multiplier celles qui avaient déjà été faites par le docteur

Gall, et il en fit lui-même de nouvelles, en Angleterre, en Écosse, en Irlande; il fit aussi tous ses efforts pour réduire à des forces primitives les caractères et les actions, d'après lesquels on avait donné leur nom aux organes. Spurzheim a passé à l'alambic les facultés intellectuelles et les sentimens propres à l'homme, et il est résulté de ce travail l'excellente nomenclature que nous donnons ici, parce qu'elle sert de base à notre ouvrage.

ORDRE 1er.

FACULTÉS AFFECTIVES.

GENRE 1er. — PENCHANS.

A. V.	Amour de la vie.	5	Combativité.
A	Alimentivité.	6	Destructivité.
1	Amativité.	7	Secrétivité.
2	Philogéniture.	8	Acquisivité.
3	Habitativité.	9	Constructivité.
4	Affectionivité.		

GENRE 2e. — SENTIMENS.

10	Estime de soi.	16	Conscienciosité.
11	Approbativité.	17	Espérance.
12	Circonspection.	18	Merveillosité.
13	Bienveillance.	19	Idéalité.
14	Vénération.	20	Gaîté.
15	Fermeté.	21	Imitation.

ORDRE 2ᵉ.

FACULTÉS INTELLECTUELLES.

GENRE Iᵉʳ. — SENS EXTÉRIEURS.

GENRE 2ᵉ. — FACULTÉS PERCEPTIVES.

22	Individualité.		28	Calcul.
23	Configuration.		29	Ordre.
24	Etendue.		30	Eventualité.
25	Pesanteur et résistance.		31	Temps.
26	Coloris.		32	Tons.
27	Localité.		33	Langage.

GENRE 3ᵉ. — FACULTÉS RÉFLECTIVES.

34	Comparaison.		35	Causalité.

2

CHAPITRE IV.

HISTOIRE

DE LA SCIENCE

PHYSIOGNOMONIQUE.

> » C'est le devoir de chacun de répandre les lumières qu'il croit posséder seul, quand, par leur nature, elles appartiennent à tous. »
>
> *Psychologie physiologique de* CHARDEL.

Le hasard, ce fréquent principe de toutes les découvertes, fut aussi l'origine de la Phrénologie et de la Physiognomonie. Moins avancé que Gall, à vingt-cinq ans, Lavater n'avait lu ni *Montaigne,* ni *de la Chambre,* ni même le *docte et divin Aristote*; déjà pourtant il avait pressenti la science, mais comment? Par instinct, et parce qu'il éprouvait quelquefois à la vue de certains visages, une sorte de tressaillement nerveux, attractif ou répulsif, qui durait même après le départ de la personne qui l'avait produit.

Il nous serait impossible d'analyser la nature de cette sensation ; néanmoins, nous l'avons éprouvée en rencontrant un jour, au milieu des Tuileries, un camarade que nous savions mort depuis quelques mois. Plus de dix minutes sous le charme de cette illusion, nous tournâmes autour de lui, indécis si nous devions l'aborder ; ce ne fut qu'après un examen réfléchi et détaillé, que nous fûmes assez fort pour nous dire que malheureusement nous n'avions sous nos yeux que le *fac simile* de celui qui n'existait plus.

Lavater, par goût et par tempérament, aimait à s'abandonner à ses sensations ; bientôt il jugea du caractère des personnes avec lesquelles il était en relation, d'après

le plus ou moins d'impression qu'elles faisaient sur lui. Ce n'était là que de l'inspiration, aussi ses décisions dénuées de tout
autre appui, ne furent-elles pas épargnées
par la critique.

Doué de moins d'orgueil que d'esprit, Lavater ne se découragea pas; il prit sérieusement l'art des physionomies à cœur; il consulta
le peu d'ouvrages qui en traitaient, et recueillit
en silence les matériaux nécessaires au grand
ouvrage qu'il nous a légué.

Bien des années se succédèrent avant que
l'humble savant, rendu sage par les sarcas-
mes, se hasardât à former de nouveaux jugemens; il s'était fait une loi du silence, et s'il
donnait carrière à sa pensée, il comprimait
avec soin dans son cœur tout jugement spon-
tané. Pendant les longues et solennelles soirées
d'hiver, assis devant un bon feu, enveloppé
d'une robe bien ouatée, les pieds mollement
enfouis dans des pantouffles en fourrure, la
tête douillettement coiffée d'un fin et blanc
bonnet de coton, un pot de bierre devant lui, il

esquissait de la plume et du pinceau le caractère et les traits des individus qu'il avait vus
ou visités pendant le jour.

Laissons-le parler: « J'avais connu à Zurich,
le célèbre Lambert, que j'eus ensuite le plaisir de revoir à Berlin ; sa physionomie me
frappa étrangement à cause de la conformation extraordinaire de ses traits ; la sensation
fut très-vive et produisit chez moi je ne sais
quel sentiment de vénération, mais peu à peu
elle fut effacée par d'autres ; j'oubliai Lambert et les traits de sa physionomie.

» Environ trois ans après, je dessinai ceux
d'un ami mourant, pour sauver au moins
son image ; mille fois j'avais regardé mon ami
sans jamais comparer sa physionomie avec
celle de Lambert, je les avais vus , je les avais
entendus disserter ensemble, et, preuve incon-
testable que mon tact était alors bien peu
subtil, je n'observai entr'eux aucune ressemblance ; ce ne fut qu'en dessinant, que, frappé
du saillant de l'image de Lambert, soudain
ressuscité devant mes yeux, je dis à mon ami :

ton nez est celui de Lambert, et, plus je
dessinais, plus ce rapport me devenait sensible.

» Je ne prétends pas comparer mon ami à
Lambert; je ne dirai pas ce qu'il aurait pu
devenir, s'il eût plu à Dieu de prolonger ses
jours; sans doute il n'avait pas le génie tran-
scendant de cet homme unique; il y avait
d'ailleurs aussi peu de conformité dans leurs
tempéramens, que dans le caractère de
leurs yeux et de leurs fronts; mais ils se res-
semblaient par la finesse et la forme du nez,
et je dois encore observer qu'ils avaient l'un
et l'autre, quoique dans un degré différent,
un esprit vaste et lumineux.

» Cependant la ressemblance de leurs nez
me parut assez frappante pour m'engager à
être plus attentif, en dessinant, à saisir des
rapports de ce genre; ceux que je découvris
plus d'une fois entre différens visages que je
dessinai par hasard le même jour, tout en ob-
servant une ressemblance morale entre ces
personnes, au moins dans certaines faces de

leurs caractères, ces rapports , dis-je , fixèrent
de plus en plus mon attention. »

Ainsi, peu à peu les ressemblances et les dis-
semblances devinrent plus familières à Lavater ; ses sensations, jusqu'alors éparses et con-
fuses, se débrouillèrent et se placèrent chacune
à son endroit.

Un jour qu'il était chez Zimmermann , ils se
mirent à la fenêtre pour voir défiler une pa-
rade. Malgré la distance et la faiblesse de sa
vue , Lavater fut tellement frappé de la physionomie d'un des officiers supérieurs , qu'il
porta sur l'individu un jugement décisif.

Zimmermann, (dont cet homme était le
client) surpris de la justesse de l'observation,
demanda à Lavater quel était le motif de son
jugement ! Modeste autant que savant, le bon
ministre, croyant n'avoir rien dit de remar-
quable, répondit naïvement : — *La tournure
du col !*

Tout autre que le savant médecin du roi
d'Angleterre , eût été étonné de l'originalité

et du laconisme de cette réponse ; bien loin
de là, ce génie profond et sans préjugés, de-
vina *tout Lavater*. Non seulement il encoura-
gea ses essais, mais, usant habilement de l'influence que son savoir et sa réputation exer-
çaient sur l'esprit du timide novateur, il
se montra si affectueux et si pressant, que
force fut à Lavater de lui accorder sa confiance.

Deux génies comme Zimmermann et Lavater ne pouvaient s'occuper d'une science sans
que les *moraliseurs, déclamateurs, diseurs
de lieux communs* ne fussent dans la confi-
dence ; Lavater s'en aperçut bien vite aux cla-
meurs des Zoïles. Simple, timide, il s'en af-
fligea sérieusement et se découragea : (grand
triomphe pour les ennemis nés de toute innova-
tion). Bientôt Zimmermann apprit avec chagrin, que non content de ne plus écrire,
Lavater se moquait lui-même de ses essais
physiognomoniques.

Ainsi se passèrent plusieurs années, ainsi
tombaient dans l'oubli, les premiers succès

de la science, lorsque le hasard, de sa main puissante, secoua de nouveau le flambeau de la Physiognomonie; une seule et faible étincelle en jaillit, mais elle fit briller la science d'un nouvel éclat; voici à quelle occasion :

Lavater avait été reçu membre de la société de physique de Zurich; son tour étant venu de fournir un discours à cette société, le récipiendaire, long-temps indécis sur le choix du sujet, se décida tout-à-coup pour la Physiognomonie et se mit au dernier instant à écrire sur ce thème. On comprend facilement que l'œuvre dut se ressentir de la précipitation et du pis aller; on va voir comment l'auteur en fut puni.

Quelqu'un demanda à Lavater son manuscrit; Lavater qui n'y attachait aucune importance, le prêta sans difficulté; mais Zimmermann, jaloux de venger la science de l'oubli où elle était tombée par la faute de l'homme qui en avait fait la découverte, et voulant aussi l'arracher à son apathie, livra sans plus de façon le malencontreux discours à l'imprimeur.

On ne saurait dire la confusion du pauvre sectateur, contraint par ce guet-à-pens, à se déclarer hautement le défenseur des doctrines physiognomoniques. Néanmoins, remis de son trouble, Lavater défendit son système avec tant d'esprit que les rieurs passèrent de son côté.

Le *Lavatérisme* serait une seconde fois tombé dans l'oubli, si, indigné d'entendre prononcer d'absurdes jugemens contre la science, Lavater ne se fût décidé à donner le jour aux observations qui forment le texte de cet article, et dont le lecteur trouvera l'application dans les esquisses phrénologiques et physiognomoniques que nous recommandons à sa bienveillance.

Ici finit notre tâche d'historiographe, car nous n'avons pas l'intention de parler de cette œuvre aimable et consciencieuse qu'on nomme *l'art de connaître les hommes par les traits du visage*, bien que nos pères lui aient fait la même réception qu'au Magnétisme et à la Phrénologie, accueil aussi injuste que peu mérité. Ce livre charmant, où l'auteur, à la fois

dessinateur et écrivain, a fait pour le visage
de l'homme ce que La Bruyère avait fait pour
son caractère et pour son esprit, nous est par-
venu par de nombreuses réimpressions qui
mettent le public à même de juger, plus con-
sciencieusement que nous ne pourrions le faire,
ce qu'il y a, dans le système physiognomonique,
d'utile ou de blamâble.

CHAPITRE V.

UTILITÉ DE LA PHRÉNOLOGIE.

...., A tous!
Le professeur A. DUMOUTIER,

L'étude de la Phrénologie est utile au moraliste et au médecin.

Au *moraliste,* parce qu'elle lui fait comprendre comment la morale est indispensable à notre bonheur. Elle le convaincra que les lois morales sont inhérentes à la nature humaine, tout autant que les principes des arts et des sciences, et les lois végétatives de l'organisation; elle lui montrera la difficulté de juger les autres avec exactitude et justesse, et la faute que nous commettons tous lorsque nous nous prenons pour modèles et pour types de l'espèce humaine; louant ce que nous aimons, blâmant ce qui n'est pas conforme à notre manière de sentir et de penser.

La phrénologie lui expliquera encore la nécessité de l'indulgence mutuelle en tout ce
qui n'est pas contraire aux règles éternelles de
la raison et de la vertu.

Des causes morales dérangeant fréquem-
ment les fonctions végétatives, la Phrénologie
est *utile* au *médecin*. Sans la Phrénologie,
la doctrine de l'aliénation mentale ne peut
être que conjecturale et empirique, puisqu'on
n'a pas une connaissance exacte des phénomènes mentaux dans l'état de santé. C'est conformément à ce principe que, dans les premiers
siècles on a eu recours à l'exorcisme, lorsqu'on
a cru que les aliénés étaient possédés de mauvais esprits ; on les abandonnait à leur sort
et à la nature, persuadé qu'on était, que l'esprit agissait indépendamment du corps. Par
la Phrénologie, convaincu enfin que les causes
de l'aliénation mentale sont toujours corporel-
les, et que la cause immédiate réside dans
le cerveau, le médecin traitera les aliénés
d'après les principes de la pathologie en général.

La Phrénologie est encore utile au bonheur

des hommes, en indiquant la marche à suivre póur perfectionner la nature humaine.

Nous n'hésitons pas à le dire, avec le temps la phrénologie deviendra comme en Allemagne la science des sciences, elle améliorera le sort des individus, des familles, des nations; elle rectifiera tous les systèmes philosophiques, elle établira une psychologie positive, invariable, et servira de base à toutes les institutions sociales à venir.

CHAPITRE VI.

DE L'UTILITÉ DE LA PHYSIOGNOMONIE.

> « C'est une chose admirable et qu'à mon advis
> on ne considère pas assez. »
>
> De la Chambre.

Entre toutes les sciences qui traitent de la connaissance de l'homme moral. La Physiognomonie est une des plus naturelles et des plus faciles à savoir.

La Physiognomonie intéresse tous les hommes, mais surtout le père de famille qui a des enfans à diriger dans une bonne voie, l'instituteur qui répond de l'avenir de ses élèves, le négociant qui doit traiter des plus grands intérêts avec les hommes ; la Physiognomonie est la science de tous les hommes, de tous les lieux, de tous les langages.

3

Puisque nous sommes enfin arrivés à la Physiognomonie, disons un mot de l'intérêt, ou plutôt des intérêts qui se rattachent à cette science. S'il est vrai, comme nous n'en doutons pas, que le tact physiognomonique soit la sensation du beau et du laid, combien cette source de connaissances nouvelles doit-elle réveiller dans l'âme l'amour de ce qui est noble et grand? et en même temps lui faire horreur de toutes les laideurs physiques qui annoncent la laideur morale. Ce noble penchant doit prendre des forces nouvelles pour ceux qui s'occupent de la recherche des caractères des signes de la vertu, et de la difformité du vice.

Je ne sais quel attrait magnétique, puissant et doux, varié mais continuel, entraîne le physiologiste, même à son insu, vers tout ce qui tend à la perfection de la nature.

Croyons-en le bon et naïf Lavater, la Physiognomonie est et sera toujours, pour celui qui la cultive, une source de sentimens délicats et élevés. En effet, grâce à notre science, nous marchons de découvertes en découvertes dans la

sagesse et la bonté de Dieu. Comment sommes-
nous arrivés à ces découvertes précieuses qui
échappent à l'œil de l'indifférent? Dieu le sait!
N'arrive-t-il pas aussi, qu'à l'aide de la Physiognomonie, on comprend mieux la langue
des langues, celle de l'esprit et du cœur,
de la sagesse et de la vertu. La Physiognomonie, nous apprend à lire sur le visage de
ceux qui parlent, sans s'en douter ce langage
éloquent? La Physiognomonie perce le masque affreux de l'hypocrite et le nuage com-
pact derrière lequel la vertu se plaît parfois
à se cacher.

Nous sommes souvent bien heureux lorsqu'à
l'aide des deux systèmes dont nous faisons
l'application dans ces esquisses, nous recon-
naissons chez un enfant le germe de nobles
dispositions ou de grandes vertus ; mais aussi
comme notre pauvre cœur s'attriste, quand
nous nous prenons à penser que cette organisation si belle aujourd'hui, ne se développera
jamais peut-être, et sera perdue pour la société, faute d'avoir été encouragée et connue.
Que de Vaucanson, que de Talma, que de

Gros, que de Bozio, que de Dupuytren et de
Lamartine qui, pour avoir échappé à l'investi-
gation de notre science, sont aujourd'hui perdus
pour le monde, perdus pour les beaux arts,
perdus pour la science, perdus pour la poésie :
ils sont peut-être bergers ou chiffonniers à
l'heure qu'il est !

En toute autre occasion, nous aimerions
à rendre hommage à la verve spirituelle de
M. Népomucène Lemercier, mais, comment
applaudir le mémoire contre l'éducation Orthophrénique, lu par lui à l'académie des
sciences, le 23 février 1835, la conscience et
le cœur s'y refusent.

M. le docteur Voisin a fondé, à Vanvres,
une institution dans laquelle, en bon père de
famille, il classe les enfans confiés à sa direction, suivant leur inclination. Ainsi, et par sa
méthode, l'enfant doué irrésistiblement du
penchant à la peinture ne sera pas musicien; le
musicien, médecin; le médecin, mécanicien; le
mécanicien, commerçant, et le commerçant,
soldat, comme cela se voit tous les jours. En

outre, cet ami de l'humanité ne veut pas qu'on abandonne l'idiot à sa nature. S'il n'a qu'une seule faculté ou qu'un seul penchant, le bon docteur veut qu'il soit cultivé ou modifié suivant l'urgence; nous ne voyons là rien que de très-louable, et pourtant ce n'est pas l'opinion de M. Népomucène Lemercier.

N'en déplaise à Messieurs de l'académie des sciences, nous trouvons la mission de M. le docteur Voisin noble et sainte; nous en comprenons toutes les difficultés, nous prévoyons tous les dégoûts qui doivent l'assaillir, mais nous pensons qu'il ne se découragera pas; espérons au contraire que ce fauteuil, où siége aujourd'hui M. Lemercier, pourra être occupé un jour par un des élèves de l'institution orthophrénique; ce serait une grande et belle réfutation des paradoxes du fougueux et savant académicien !

CHAPITRE VII.

PHYSIOLOGIE DU CERVEAU.

DE L'APPAREIL DES PHÉNOMÈNES MENTAUX.

En parlant de cet appareil, nous ne prétendons pas donner au lecteur une anatomie détaillée de chacune des parties qui le composent, c'est l'ensemble du cerveau que nous analyserons ; ensemble aride et difficile, analyse que nous ferons claire et précise s'il se peut.

L'appareil des phénomènes mentaux se compose de l'Encéphale et de ses enveloppes.

Encéphale (PLANCHE Iere).

L'*Encéphale*, appelé communément le cerveau, est composé de quatre parties principales, qui sont : 1°. Le Cerveau proprement dit (A). 2°. Le Cervelet (B). 3°. Le Pont de Varole ou Mésocéphale (C). 4°. La Moëlle allongée (D).

Le *Cerveau* est divisé, à sa partie supérieure et dans son diamètre antéro-postérieur, en deux parties égales, *Lobe droit* (F) et *Lobe gauche* (G), par une fente qui pénètre à peu près les deux tiers de son épaisseur et qu'on nomme grande scissure interlobaire (E); ladite scissure loge un repli de la dure-mère appelé la faulx du cerveau, parce qu'il imite en effet la forme de cet instrument.

Chacun de ces deux lobes est divisé dans sa longueur en trois parties dont la première, séparée de la deuxième par une fente appelée scissure de Sylvius (H), porte le nom de lobe antérieur (I), la seconde s'appelle lobe moyen (J), et la troisième lobe postérieur (L). Elle est séparée de la seconde par une ligne droite fictive (K) qui longe le bord antérieur du cervelet.

Le *cerveau* est sillonné par un grand nombre d'anfractuosités dont la profondeur varie, qui augmentent de beaucoup sa surface, plus le nombre de ces anfractuosités est grand, et plus est grande l'activité du cerveau (1).

Le *cervelet* (B) est un organe analogue au cerveau, mais beaucoup plus petit, dont les anfractuosités sont beaucoup moins profondes et les circonvolutions moins étendues, il occupe la longueur du lobe postérieur du cerveau sous lequel il est placé.

Le *pont de varole* ou mésocéphale (C), placé sous le cerveau à l'union de ses deux tiers antérieurs avec son tiers postérieur, joint en-

---

(1) Témoins le cerveau de M. Cuvier et de plusieurs autres célébrités contemporaines.

semble les deux lobes du cerveau, ceux du cervelet et, de plus, ces deux organes entr'eux; son étendue est d'environ un sixième de la longueur du cerveau.

La *moëlle allongée* (D) part de la partie postérieure du pont de varole; elle a primitivement une forme cannelée qu'elle perd en entrant dans le canal vertébral.

C'est de la partie inférieure de l'encéphale que partent tous les nerfs destinés à transmettre au cerveau les impressions reçues par les sens.

Enveloppes de l'Encéphale.

Elles sont au nombre de quatre, savoir (de dedans en dehors):

1º. La Pie-mère ou membrane vasculaire; 2º. L'Arachnoïde ou membrane séreuse; 3º. La Dure-mère ou membrane fibreuse; 4º. Le Crâne ou enveloppe osseuse.

La *pie-mère* est une membrane extrêmement

fine, composée presqu'entièrement de vaisseaux très-déliés, qui couvre immédiatement le cerveau et s'enfonce dans toutes ses anfractuosités.

L'*arachnoïde*, plus épaisse, suit partout la pie-mère (elle lui est parfois intimement unie), excepté dans les anfractuosités du cerveau, au-dessus desquelles elle passe sans s'y enfoncer.

La *dure-mère* est une membrane très-épaisse et difficile à rompre; elle suit toutes les impressions de la surface interne du crâne auquel elle adhère assez fortement et se replie deux fois, la première pour former la grande faulx du cerveau qui entre dans la scissure interlobaire, et une seconde fois pour former la tente du cervelet qui sépare cet organe du cerveau.

Toutes ces membranes pénètrent dans le canal vertébral et accompagnent la moëlle épinière dans toute sa longueur.

La plus importante des enveloppes du cerveau est sans contredit le *crâne*, puisque c'est lui qui reproduit au dehors le plus ou moins grand développement des organes cérébraux; en conséquence nous le décrirons avec plus de soin.

Du Crâne (PLANCHE IIe).

Le *crâne*, enveloppe osseuse du cerveau, a une forme ovoïde et se compose de deux parties principales, la première est le crâne proprement dit; la seconde est la face.

Si la connaissance du crâne est indispensable à l'étude de la Phrénologie, celle de la face ne l'est pas moins à la Physiognomonie; examinons donc avec attention les os qui composent ces deux parties et leur position respective.

Vingt-deux os composent la tête, sept forment le crâne, quinze composent la face.

La partie supérieure du crâne s'appelle voûte, vertex ou bregma; l'antérieure, front ou sinciput; la postérieure, occiput; les deux parties latérales, tempes; et l'inférieure, base du crâne.

Les sept os qui forment le crâne, sont :

Le frontal ou coronal, les deux pariétaux, l'occipital, les deux temporaux et le sphénoïde.

Le *frontal* (A), os quadrilatère, dont la moitié inférieure appartient à la face, est situé à la partie antérieure du crâne, et constitue le front. Il est toujours formé de deux pièces latérales, chez les enfans, et cette suture, qu'on appelle coronale et qui s'efface habituellement avec l'âge, existe encore quelquefois chez les adultes. Remarquons aussi qu'à la partie inférieure et antérieure de cet os se trouvent, dans son épaisseur, des cavités qu'on nomme sinus frontaux, et dont la grandeur peut influer sur l'extension de la table externe de cet os et faire ainsi croire à un développement du lobe antérieur qui n'existe pas pour cela (1).

Les *pariétaux* (B) sont quadrilatères et placés de chaque côté du crâne dont ils forment

---

(1) Nous ne parlerons des rapports de chaque os, qu'autant que ceux avec lesquels il s'articulent seront déjà connus.

les parois latérales et supérieures; ils s'articulent supérieurement entr'eux au moyen de la suture sagittale , et antérieurement avec le frontal.

L'*occipital* (C) , os triangulaire placé à la partie postérieure et inférieure du crâne, s'articule supérieurement et antérieurement avec les deux pariétaux.

Il est percé, à sa partie inférieure, d'un trou qu'on appelle trou *occipital* (D) , et qui donne passage à la moëlle épinière. Le cervelet repose entièrement sur cet os.

Les *temporaux* (E) placés à la partie latérale et inférieure du crâne, très-irréguliers dans leur forme , offrent, sur leur face interne, une élévation appelée le rocher, qui marque la séparation du lobe moyen avec le lobe postérieur, ils s'articulent postérieurement et inférieurement avec l'occipital , et supérieurement avec les pariétaux, à la partie postérieure et inférieure de ces os. Derrière le trou auditif externe (L) sont placées les Apophyses mastoïdes (F) dont la grosseur peut quelquefois faire croire à un développement cérébral qui n'existe pas réellement. Du milieu de ces os partent les parties postérieures des Arcades zygomatiques (G) pour joindre les parties antérieures qui appartiennent aux os de la face.

Le *sphénoïde* (H), ainsi appelé du mot grec σφήν, coin, parce qu'il se trouve enclavé dans les os de la tête comme un coin dans une pièce de bois, est placé à la partie inférieure de la tête, et ses deux côtés en forme d'ailes et, pour ce, appelées ailes du sphénoïde, remontent jusqu'à la moitié inférieure du crâne. Le sphénoïde s'articule postérieurement avec l'occipital et les temporaux, supérieurement avec le frontal.

Arrivons à la face.

La *face*, avons-nous dit, est composée de quinze os, savoir :

Les os propres du nez, les unguis, les maxillaires supérieurs, les os malaires ou de la pommette, l'ethmoïde, le vomer, le maxillaire inférieur, les cornets inférieurs du nez et les palatins. En voilà bien long, n'est-ce pas?

Tranquillisez-vous, lecteur, cinq de ces os ne peuvent en aucune façon influer sur l'impression de la physionomie, nous n'en parlerons pas.

Les os propres du nez sont au nombre de deux, ils forment la partie antérieure et supérieure de la cavité nazale (R), s'articulent avec le frontal et occupent le milieu de l'espace inter-orbitaire.

Les maxillaires supérieurs (S), placés à la partie antérieure de la face, ont une forme irrégulièrement triangulaire, leur angle supérieur s'articule supérieurement avec le frontal, antérieurement avec les os propres du nez. Ils s'écartent plus bas pour former les parois latérales de la cavité nazale et se réunissent à leur partie inférieure, pour former l'arcade alvéolaire de la mâchoire supérieure.

Le *maxillaire inférieur* (K), composé de deux parties chez les enfans, n'en forme plus qu'une dans les adultes. Isolé de tous les autres, cet os s'articule seulement avec les temporaux, au-devant du trou auditif, par le moyen de ligamens ; il est situé à la partie inférieure de la face et forme le menton et l'arcade alvéolaire inférieure.

Les *os de la pommette* (M) quadrilatères, sont placés de chaque côté de la face, et, comme leur nom l'indique, forment la pommette des joues.

Supérieurement ils s'articulent avec le frontal, postérieurement avec le sphénoïde et aussi avec les temporaux, par le moyen de l'arcade zygomatique (G), dont ils forment la partie antérieure, et inférieurement avec les maxillaires supérieurs.

Les *unguis*, dont le nom indique la forme (ongles), placés dans la paroi interne de l'orbite et articulés supérieurement avec le frontal, antérieurement et inférieurement avec les maxillaires supérieurs, sont creusés d'une petite gouttière qu'on appelle canal nazal (O).

L'*ethmoïde* (P) de forme cubique, est situé à la partie supérieure de la face, derrière les os propres du nez, les maxillaires supérieurs et les

unguis, avec lesquels il s'articule antérieurement, supérieurement avec le frontal, et postérieurement avec le sphénoïde; sa partie inférieure est libre dans la cavité nazale.

Les *dents* étant tout-à-fait étrangères au
sujet que nous allons traiter dans le cours de
ces esquisses, nous n'en parlerons pas.

Les *cavités orbitaires* (Q), destinées à lo-
ger les yeux, sont de forme à peu près ronde;
elles sont formées, dans leur moitié supérieure, par le frontal, leur côté interne l'est
par les maxillaires supérieurs, les unguis et
l'ethmoïde; leur côté inférieur par les maxillaires supérieurs et les os de la pommette, leur
côté externe par les os de la pommette et le
sphénoïde.

La *cavité nazale* (R), de forme triangulaire,
est formée supérieurement par l'ethmoïde et
les os propres du nez, latéralement et inférieurement par les maxillaires supérieurs: elle est
séparée verticalement en deux par le vomer.

Enfin la *bouche ou cavité buccale* (S) est

formée à sa partie supérieure par les maxillaires supérieurs et les palatins, et à sa partie
inférieure par le maxillaire inférieur.

Tout ceci est long, sans doute, et surtout
peu amusant, mais cette description était nécessaire aux personnes qui ne se sont point
encore occupées d'anatomie ou, au moins,
d'ostéologie. L'intelligence des chapitres suivans dépendait de celui-ci. Mieux vaut encore
douze pages scientifiques ennuyeuses à lire,
qu'une suite de chapitres qui seraient inintel-
ligibles, faute de ce même chapitre anatomique, dont nous vous demandons très-humble-
ment pardon.

CHAPITRE VIII.

INFLUENCE

DES TEMPÉRAMENS SUR LES PHÉNOMÈNES AFFECTIFS ET INTELLECTUELS.

> « Les anciens considéraient le mélange des élémens physiques et la constitution organique comme la cause des manifestations spéciales de l'âme. »
>
> SPURZHEIM.

Il faut que le lecteur veuille bien se transporter pour un moment dans un riche et gothique boudoir du faubourg St-Germain, et là, caché derrière d'amples rideaux de lampas, qu'il écoute la conversation suivante entre l'auteur de ces esquisses et l'écrivain à la fois le plus aimé et le plus détesté de notre temps.

— A votre avis dit ce dernier, Mirabeau et Barnave, n'ont été courageux, éloquens, fermes et réservés, que parce qu'ils étaient doués d'un tempérament bilieux?

— Oui, et conformément à mon système, je pense encore que les personnes d'un tempérament sanguin comme vous, mon cher Jules, ont pour l'ordinaire, la conception facile, la mémoire fidèle, l'imagination riche et vive, qu'elles sont tout à la fois bienveillantes, caustiques et joviales, ennemies nées de la mauvaise chère, de la piquette et du chagrin.

— Voilà à présent que vous faites de moi un second Grimod de la Reynière.

— Impossible !

— Vraiment?

— Si j'osais, j'ajouterais.... un mot.

— Ne vous gênez pas.

— L'homme sanguin, est ordinairement léger et inconstant....

— Deux jolis défauts de plus à ajouter à ceux de M. Scribe.

— Pourquoi donc?

—N'a-t-il pas fait dire à Bertram: *le bonheur*

est dans l'inconstance ; mais revenons à l'influence des tempéramens.

— Prenez-y garde, je vais être ennuyeux.

— Serait-ce la première fois?

— Toujours railleur !

— Vous voulez dire sanguin.

— L'un et l'autre ; je poursuis : tous les phrénologistes reconnaissent l'influence des tempéramens et l'influence de la constitution organique du cerveau, sur les modifications des phénomènes affectifs et intellectuels sous le rapport de leur qualité et de leur quantité; mais ils ne font dériver des tempéramens aucune qualité spéciale. Selon eux, le tempérament donne plus ou moins d'activité et de perfection aux facultés dont chacun est doué; vous m'écoutez toujours?

— Continuez.

— On reconnaît quatre tempéramens principaux :

Lymphatique, sanguin, bilieux et nerveux.

Le *lymphatique*, s'annonce par une grande pâleur, une peau épaisse, une chair molle, compressible sans élasticité, une figure boursoufflée, des lèvres épaisses et pendantes, une bouche presque toujours entr'ouverte, des cheveux ordinairement blonds et lisses et des yeux bleu-clairs.

Chez les personnes douées d'une telle constitution, toutes les fonctions sont lentes, l'activité cérébrale est également faible.

Le *sanguin*, en général assez gros, a la figure colorée et fleurie, la peau souple et ferme, les membres arrondis, les chairs élastiques, une chaleur douce de la peau, une transpiration facile, des lèvres vermeilles, des yeux bleus, des cheveux châtains parfois, mais rarement noirs comme les vôtres, et les traits de la figure animés; je vous ai précédemment dit les merveilles qu'on pouvait attendre du tempérament sanguin.

Le tempérament *bilieux* a pour signes diagnostiques : un visage sombrement coloré, la peau sèche et serrée, des formes saillantes et dures, la chair ferme, les cheveux et les yeux noirs, un regard magnétique et pénétrant.

Enfin le tempérament *nerveux* a pour signes caractéristiques : un corps maigre peu coloré, pâle même, la peau mince et délicate, point ou peu de cheveux, une grande susceptibilité nerveuse et les traits de la figure mobiles et délicats.

Ces quatre tempéramens sont rarement simples et purs, mais ils sont presque toujours plus ou moins mélangés, j'ai dit.

— Tant mieux, allons dîner.

CHAPITRE IX.

~~~

DE LA CLASSIFICATION

DES PHÉNOMÈNES MENTAUX

ET DE L'ÉTUDE DE LA PHRÉNOLOGIE.

> « J'ai fait tous mes efforts pour rendre clairement ma pensée, mais je ne me flatte pas de n'avoir laissé aucune obscurité »
>
> *(Esquisses de la nature humaine.)*

Le cardinal du Bellay méprisait souverainement quiconque n'avait pas lu Gargantua, Pantagruel, et autres traités de *mocqueries, folâtreries et menteries joyeuses* du révérend curé de Meudon.

Loin d'imiter une intolérance aussi condamnable, nous déclarons n'avoir écrit les chapitres I, III, V et VII de notre section première, et plus particulièrement celui-ci, que pour les personnes qui, n'ayant jamais lu les

ouvrages du docteur Gall, voudraient se convaincre sommairement de l'existence, des
principes et de l'utilité de la Phrénologie; pour
ceux qui déjà s'en sont occupés, convaincus
que nous ne leur apprendrons rien qu'ils ne
sachent parfaitement, nous les engageons à
sauter à pieds-joints sur notre section première, et à vouloir bien accueillir avec indulgence la seconde partie de ce travail.

Gall a divisé les fonctions cérébrales en espèces, mais il a admis dans chacune de ces
fonctions les mêmes modes d'action, et il en a
parlé, d'après les situations locales des organes, en commençant de bas en haut.

Selon le docteur Spurzheim, les fonctions
qui ont lieu dans l'homme avec connaissance,
peuvent être divisées en deux ordres; on
a même reconnu ces deux sortes de facultés
dès la plus haute antiquité et on leur a donné différens noms, tels que le *cœur* et la *tête*,
les *facultés de l'âme* ou *de l'esprit*, ou *facultés morales* et *intellectuelles*, que nous dési-
gnerons dans ces esquisses avec Spurzheim,

sous le nom de *facultés affectives et intellectuelles.*

Chacun de ces deux ordres de facultés
peut être lui-même subdivisé en plusieurs
genres, quelques facultés *affectives* ne donnent
qu'un désir, un penchant, si vous aimez mieux
ce qu'on appelle instinct chez les animaux;
nous les nommerons penchans.

D'autres facultés affectives ne sont pas bor-
nées au simple *penchant*, elles éprouvent quelque chose de plus : c'est ce quelque chose que
nous appelons *sentimens*.

Le second ordre des facultés renferme celles
de l'entendement; on peut les subdiviser en
trois genres :

1°. Sens extérieurs ;

2°. Facultés perceptives ;

3°. Facultés réflectives.

Ces dernières agissent sur l'activité de toutes
les autres facultés affectives et intellectuelles.

Chaque genre de facultés affectives et intellectuelles, offre plusieurs espèces, et chaque espèce présente des modifications de quantité et de qualité, même des *idiosyncrasies*.

La nomenclature des facultés mérite encore une attention particulière, elle doit être conforme à la tendance spéciale de chaque faculté, sans indiquer une action quelconque. On peut aussi considérer les désordres de chaque faculté et l'influence de son activité sur les fonctions des autres facultés.

Pour bien se convaincre de la réalité de la phrénologie, il faut étudier :

1°. La situation de chaque organe spécial ;

2°. La tendance spéciale de chaque faculté ;

3°. Le tempérament de chaque individu.

Ensuite on divise la tête en quatre régions : occipitale, latérale, sincipitale et frontale; puis on compare la base de la tête avec la moitié coronale, et les trois grandes divisions, de l'a-

nimalité, de l'humanité et de l'intelligence ;
en dernier lieu , on remarque le développement proportionné des organes particuliers.

Nous admettons avec notre maître Spurzheim, quatre degrés de développement, en
distinguant les organes qui prédominent,
ceux qui sont grands, ceux qui sont moyens et
ceux qui sont petits.

Les personnes qui voudront bien prendre
ces indications pour guides de leurs premiers
travaux, trouveront, nous n'en doutons pas,
que la phrénologie est une science positive, et
reconnaîtront avec le chapitre V de ces esquisses, qu'elle est non-seulement utile mais indispensable au bien-être de la société.

Nous avons fait tous nos efforts pour bien
rendre notre pensée, avons-nous été toujours lu-
cides? c'est ce dont nous n'osons nous flatter, *all
cover, all lose* (1), dit un vieux physiologiste an-

---

(1) Qui trop embrasse, mal étreint.

glais, et en effet, résumer en quelques feuilles,
l'étendue de trois ou quatre gros volumes, était
tâche difficile, après avoir fait de notre mieux,
nous croyons faire bien encore, en renvoyant le
lecteur, aux œuvres de Gall et Spurzheim.

CHAPITRE X.

DE L'ÉTUDE DE LA PHYSIOGNOMONIE.

.... . *Labor omnia vincit,*
improbus.

HORACE.

Nous avons dit dans notre chapitre VI que la Physiognomonie était entre toutes les sciences qui traitent de l'homme une des plus naturelles et des plus faciles. En effet elle offre peu de difficultés, ses élémens se réduisent à-peu-près à ces deux mots: *observer, comparer.* Si l'on est doué, ce qui n'est pas rare, de ces deux facultés, on est apte à lire le langage de la nature.

Pourquoi l'étude de la physiognomonie offrirait-elle plus de difficultés que les autres connaissances? Les modèles abondent et ne

5

coûtent même pas un remerciment. Si les caractères se nuancent à l'infini , nous avons souvent l'avantage inappréciable de les connaître
sans l'aide de la science physiognomonique ;
ainsi , nous savons que M. Laffitte est généreux , que M. Gustave Drouineau pousse
à l'extrême les idées religieuses ; nous savons aussi , que leurs visages varient autant
que leurs caractères ; déterminer , décrire ou
dessiner les différences de leurs physionomies
ne nous semble pas plus difficile que d'établir
les différences qui existent entre les caractères
que nous leur connaissons.

Nous sommes toujours en position d'étudier
nos semblables , à chaque instant du jour leurs
intérêts se confondent où se croisent avec les
nôtres; l'hypocrite a beau grimacer pour nous
tromper , si nous nous laissons sagement gui-
der par l'instinct subtil de la Physiognomonie,
instinct inné en nous, nous découvrons bientôt
et sans efforts sa fourberie.

Est-il une science qu'on ne puisse posséder
avec le temps et une application soutenue ?

Nous le répétons, pour connaître l'âme de l'homme par les traits de son visage, il ne faut que peu de chose; il s'agit seulement, d'un côté, d'être convaincu du besoin de connaître les hommes, et de l'autre, de croire que ce besoin peut être satisfait par l'observation : plein de cette double conviction, on applanira toutes ces difficultés qui, pareilles aux bâtons flottans de la fable, semblent d'abord insurmontables.

La marche que nous avons suivie pour arriver à une connaissance satisfaisante du système de Lavater a été lente et progressive, nous y sommes parvenus d'échelon en échelon, passant du connu à l'inconnu ; en un mot, nous avons analysé la Physiognomonie ; persuadés que nous étions que *l'analyse est la clef de toutes les sciences.*

Ici finit la première et la plus aride partie de nos esquisses ; la tâche était rude pour un coup d'essai. Fatigués par l'ingratitude de ce travail élémentaire, nous eussions de bon cœur renoncé à être *imprimé vif;* mais notre éditeur,

homme d'esprit et de cœur, nous a fait honte
de notre pusillanimité, nous rappelant cet
axiôme de classique mémoire :

Labor omnia vincit, improbus !

SECTION DEUXIÈME.

SPÉCIALITÉS

MENTALES.

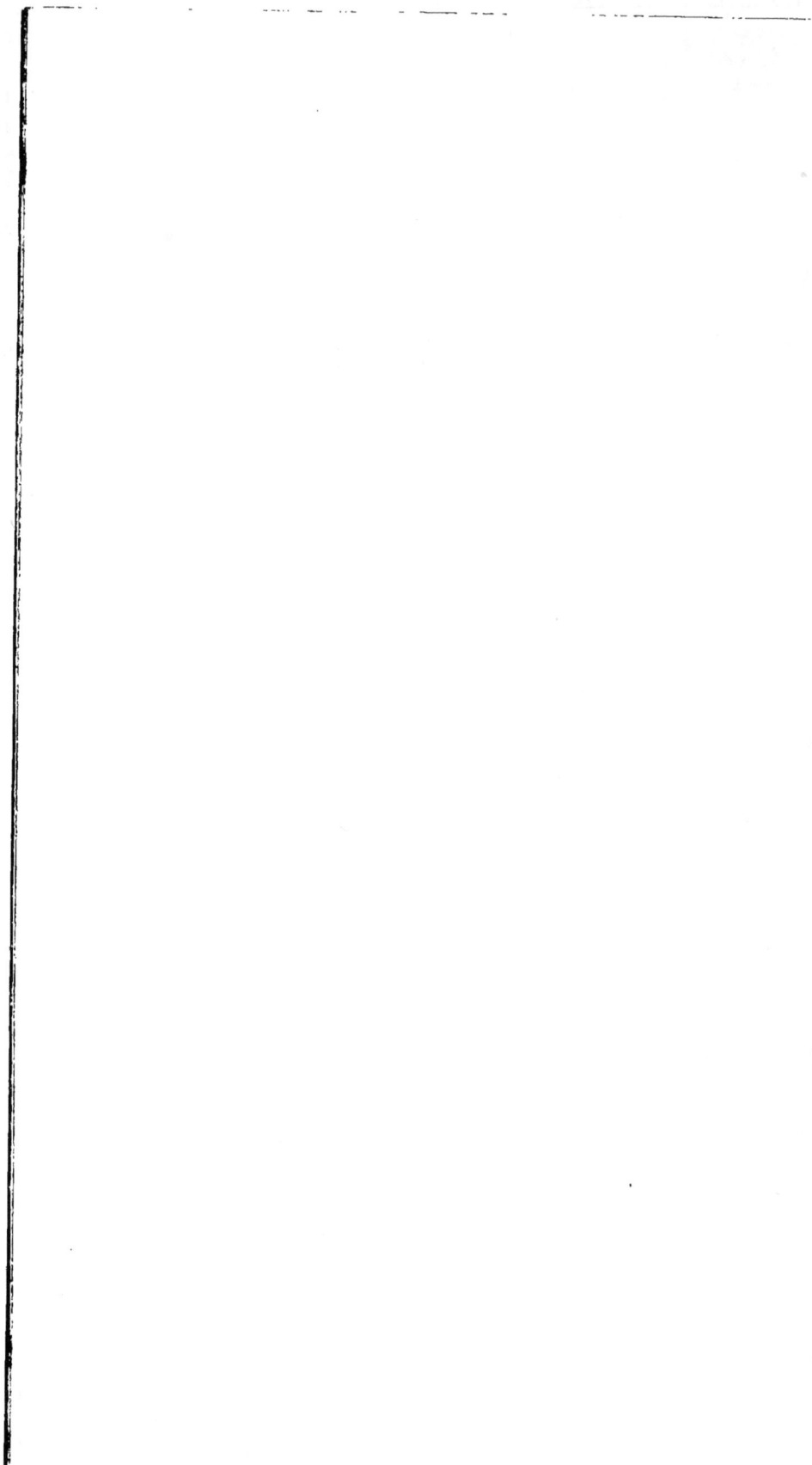

APPLICATION DES PRINCIPES

PHRÉNOLOGIQUES

ET PHYSIOGNOMONIQUES.

ORDRE Iᵉʳ.

FACULTÉS AFFECTIVES.

Ces facultés agissent du dedans et elles ne sont nullement acquises par les impressions extérieures. Elles doivent être senties pour être comprises, mais elles ne s'apprennent pas. En général elles sont le grand mobile de nos actions; mais elles ne connaissent pas les objets qui peuvent les satisfaire, et elles agissent sans jugement.

GENRE Ier.

PENCHANS.

Il y en a de plusieurs espèces. Toutes ces facultés sont communes aux animaux et à l'homme; elles produisent des désirs, ce qu'on nomme instinct chez les animaux.

A.V.

AMOUR DE LA VIE.

———◆———

Léopold Robert.

Ami, ce rien est tout !

LAMARTINE.

Le docteur Spurzheim a proposé, le 27 mai 1832, à la société Anthropologique de Paris, la reconnaissance d'un nouvel organe, correspondant à une faculté fondamentale présumée, qui, dans l'ordre génésiaque, serait la première de toutes les facultés, celle de l'amour de la vie.

Cet organe a été reconnu et adopté par M. le professeur Dumoutier; il est situé à la bâse du cerveau, au-dessus du cervelet; l'amour de la vie se lie avec l'*Alimentivité*, la *Destructivité*, la *Combativité*, la *Philogéniture*, l'*Amativité*, enfin avec cette circonvolution qui, longeant le bord interne et inférieur des hémisphères cérébraux, et aboutissant à l'*Alimentivité*, semble faire communiquer entre eux tous les organes, en favorisant l'unité de leurs fonctions.

De trop nombreux cas de suicide héréditaire (1) et des exemples d'un attachement ex-

---

(1) Jamais, peut-être, cette funeste monomanie ne fut plus caractérisée que dans la famille Lebas. Madame veuve Lebas avait deux fils : l'aîné, Edouard Lebas, s'était brûlé la cervelle dans le courant de 1832; il ne lui restait plus qu'un fils sur lequel les affections de cette malheureuse femme s'étaient toutes concentrées.

Madame Lebas et son fils vécurent dans la retraite, soutenus par leur attachement réciproque, pendant près de dix-huit mois. Mais dans les premiers mois de l'année 1834, Lebas fils fut atteint d'une maladie cruelle, qui produisit surtout les plus grands ravages dans les voies de la respiration. L'infortuné ne put résister au sentiment de ses douleurs, ni au spectacle de l'affliction profonde que son état causait à sa mère; il résolut de mettre fin à ses jours, et le 23 mai 1833, il instruisit de son

cessif à la vie, rendent pour le moins probable
l'existence de ce penchant ; mais il faudra pour

---

projet sa mère, alors à Rouen pour quelques jours, par une
lettre conçue en ces termes :

« Ma bonne mère,

« Depuis quelques jours je ne t'ai pas épargné le récit de mes
souffrances physiques et morales. C'était pour te préparer au
dénoûment inévitable d'une aussi affreuse situation : je meurs en
te demandant pardon des chagrins que j'ai pu te causer, en te
regrettant au-delà de toute expression, et en te priant d'être bien
persuadée que si je ne savais pas combien je puis te devenir à
charge de plus en plus, je n'aurais jamais pu me résoudre à te
causer une telle douleur.

« Et cependant comment vivre dans l'état où je suis ! Ne pre-
nant de repos ni jour ni nuit, incapable de rassembler deux
idées, chaque minute sont des heures, et chaque journée sont
des siècles de souffrances pour moi.

« Adieu pour la vie ! Puissions-nous nous trouver réunis dans
un monde plus heureux ! Je t'embrasse mille fois avant de mourir ; car c'est toi seule que je regrette au monde ; je frémis à
l'idée de t'abandonner! Aussi mon dernier soupir sera-t-il pour
toi, ma bonne, mon excellente mère.

« Ton malheureux fils,

Lebas. »

Frappée de terreur à la lecture de cette lettre, madame Lebas

arriver à la certitude, multiplier encore les observations en distinguant avec soin ce qui peut tenir à cette faculté présumée, de ce qui est le résultat des circonstances ou de l'aberration d'autres facultés (1).

---

revint à la hâte à Paris, et, s'il était trop tard pour faire abandonner à son fils sa funeste résolution, la pauvre mère eut le triste bonheur de venir encore à temps pour mourir avec lui. En effet, à dater de ce moment, leur porte resta fermée, et le silence de lugubre présage qui régna dans l'appartement, éveilla aussitôt les soupçons des voisins. On enfonça la porte et on aperçut, couchés sur deux lits qui étaient placés l'un près de l'autre, la mère et le fils !....

Auprès de ce dernier se trouvait un réchaud dont tout le charbon était consumé. Tous deux avaient cessé de vivre depuis long-temps.

(1) On nous écrit de Châlons-sur-Marne : notre ville vient d'offrir de nouveau le déplorable spectacle d'un suicide Un apprenti de 14 ans s'ennuyait de ne plus voir ses parens et répétait souvent qu'il se détruirait, mais on ne faisait pas grande attention à ses paroles. Le 24 février, son maitre l'envoie au grenier, à huit heures du matin. *Bon*, dit-il, *je me pendrai;* et en effet il se pendit. Le hasard voulut que la fille de la maison montât au grenier avant qu'il n'eût rendu le dernier soupir; on coupe la corde, on le frictionne, on le saigne au pied, on le rappelle à la vie, et la première parole qu'il prononça fut : *Il fallait me laisser mourir.*

Pour suivre fidélement la route que nous nous sommes tracée, il faut que nous vous parlions de la *mort;* mais comment définir cet instant redoutable où l'homme cessant d'exister en apparence, va s'unir à la poussière que nous foulons aux pieds ? Le courage nous manque au moment de vous expliquer la prompte et terrible métamorphose qui se fait en nous quand la vie n'est plus qu'un souffle qui s'en va. Quand le corps n'est plus qu'un cadavre. Hélas ! nous pouvons aujourd'hui traiter savamment de la mort et de ses symp-

---

On se demande quelle est la cause qui occasionne un si grand nombre d'aliénations mentales et de suicides à Châlons. Vers 1833, outre trois hommes et trois femmes en démence, cinq femmes se sont précipitées des fenêtres, dont trois sont mortes sur place; une sixième s'est noyée dans le canal, et deux autres dans leurs puits; une neuvième s'est donné la mort de la même manière. Enfin, un jeune homme s'est enfoncé un morceau de verre jusque dans le cœur. Depuis ce temps d'autres suicides ont eu lieu : un jeune homme s'est pendu ; un juif, un vétéran et une autre personne ont suivi le même exemple. Mais l'aliéné le plus terrible , c'est celui qui, avant de s'ouvrir les quatre veines, a tenté d'assassiner son maître et sa maîtresse, qu'il servait depuis long-temps.

Gazette des Tribunaux.

tômes, puisque nous écrivons ces tristes lignes
sous les yeux de notre aïeul agonisant. Depuis long-temps ses facultés intellectuelles se
décomposent une à une, déjà sa raison l'abandonne ; non seulement il perd la puissance
d'associer des jugemens, mais encore celle de
comparer, d'assembler, de combiner ensemble
plusieurs idées, pour prononcer sur leurs rapports. Dans son délire le malheureux vieillard
nous appelle, il nous donne les noms les plus
tendres, il nous parle d'avenir, et demain une
tombe s'ouvrira pour lui !

Tel est l'ordre dans lequel les facultés intellectuelles se décomposent ; le raisonnement
et le jugement meurent en premier, puis c'est
la faculté d'associer des idées qui se trouve
frappée de la destruction successive, bientôt
la mémoire s'éteint, et le malade qui, dans
son délire, reconnaissait encore sa femme et
ses enfans, finit par les méconnaître. Il cesse
enfin de sentir ; mais les sens s'éteignent dans
un ordre successif et déterminé, le goût et
l'odorat d'abord, puis les yeux qui se couvrent
d'un nuage et prennent une expression vi-

treuse horrible à voir : rarement l'oreille est
encore sensible aux sons et au bruit, mais le
mourant ne flaire, ne goûte, ne voit et n'en-
tend plus, qu'il lui reste encore la sensation
du toucher, *tactus enim, tactus !* Il s'agite
dans son lit, étend les bras au dehors comme
pour conjurer la mort, mais c'est plutôt par
instinct que par crainte, car elle ne peut lui
en inspirer puisqu'il n'a plus d'idées; l'homme
finissant presque toujours sa carrière comme
il l'a commencée, sans en avoir la conscience.

On accuse la Phrénologie de conduire au
matérialisme, accusation banale et menson-
gère. Le Phrénologiste remonte facilement de
la créature au créateur, le Phrénologiste ne
craint pas la mort quelque hideuse qu'elle soit,
parce qu'il pense que si le limon qui compose
notre corps appartient et retourne à la terre,
notre âme appartient et retourne à Dieu.

Cependant, tout en attendant la mort en paix
et avec le calme qui convient à un homme, le
Phrénologiste est bien loin de partager l'opinion de ceux de nos contemporains qui prêchent,

comme certain mélodrame du théâtre Français, le mépris de la vie. A notre sens, dédai-
gner la vie et ses douceurs, parfois mêlées
d'épines, c'est une faute; s'en débarrasser, est
une lâcheté et un crime (1).

---

(1) Ceux qui se tuent, nous l'apprenons chaque jour, ce sont
les faibles d'esprit, ce sont les âmes sans énergie, ce sont les va-
nités impitoyables ; quelquefois même ce sont les plus heureux,
les plus honorés, les plus aimés. Le suicide, cet affreux abîme
qu'il ne faut pas regarder de trop près, de peur d'y tomber; espèce de gouffre sans garde-fous, où se précipitent pêle-mêle les
passions sans espérances et les passions trop satisfaites, le vieillard
qui n'attend plus rien et le jeune homme qui ne sait pas attendre;
folie qu'on ne peut définir et qu'on ne pourrait guérir que par la
honte ou par l'opprobre. Mais le moyen de jeter l'opprobre sur
la tombe d'un mort ! Le moyen de vouer au ridicule ce malheureux qui a porté sur lui-même des mains violentes et criminelles!
A cet affreux spectacle, la société entière se voile la face, et elle
reste sans parole et sans courroux. On ne songe pas alors que si
le suicide affranchit le mort de tout devoir envers lui-même, il ne
l'affranchit pas de ses devoirs envers ceux qui lui survivent. Le
suicide est bien plus qu'un crime, c'est un mauvais exemple d'autant plus dangereux que, vu d'un certain côté, il ressemble à un
acte de courage. Calme frénésie que chacun se met à expliquer et
à excuser à sa manière, celui-ci par un chagrin d'amour, celui-là
par un chagrin d'ambition, cet autre enfin par un peu d'eau
qu'on a trouvée dans le crâne du malade. En même-temps les

Il est cependant des circonstances où l'ab-
négation de soi-même peut être utile à sa

---

regrets et les vers pleuvent sur la tombe de ces pauvres fous dont
le suicide entraîne tant de suicides. On raconte leurs vertus, on
raconte leur courage, on fait des drames en leur honneur, et
quels drames ! On violente à ce sujet la société qui les a laissés
mourir ; comme si la société y pouvait quelque chose ! Chacun
déclame à son aise, celui-ci sur le malaise social, celui-là sur
l'absence des croyances religieuses ; chaque opinion jette à l'autre
opinion le suicide comme un crime qu'on lui reproche. Celui-ci
dit au cadavre : — Tu es mort parce que tu étais un fanatique !
— Celui-là dit au cadavre : — Tu es mort parce que tu ne croyais
pas ! Chaque opinion déclare hautement qu'elle est innocente du
sang de cet homme et qu'elle se lave les mains de cette mort. Ce
que voient les têtes faibles qui n'ont pas d'idées arrêtées, les
poëtes manqués qui ne savent où trouver leur poésie, les politi-
ques sans croyances qui crient en vain *da punctum*, *et terram
movebo*, un point d'appui et je soulève le monde ! Les enfans
qui trouvent que cela est beau de se battre en duel avec soi-
même, les malades qui souffrent, les malades qui rêvent, ceux
qui ne pensent pas assez et ceux qui pensent trop, et tous ceux
qui n'ont pas d'autre état dans le monde que d'être malheureux,
tous ceux-là, voyant l'intérêt qui s'attache au suicide, et que
tout suicide devient aussitôt un champ de bataille où les opinions
descendent pour se disputer à qui pleurera à qui ne pleurera pas le
mort ; tous ceux-là qui ne font rien et qui ne sont rien, tous
ceux-là qui ne peuvent avoir ni une passion, ni un travail, ni une
vertu, ni même un vice ; tous ceux-là qui veulent à tout prix se

6

patrie , c'est alors qu'il faut mourir ; alors
seulement la mort est un devoir , alors il est

---

faire quelque chose, ils font quelque chose par le suicide, quelque chose qui dure une heure et que l'oubli emporte.

La société se manque à elle-même toutes les fois que par une
pitié mal entendue, elle encourage le suicide. La société ne
doit au suicide qu'un extrait mortuaire au bas de quelques colonnes obscures de ses registres. De quel droit parlez-vous de
celui qui est sorti de la vie sans congé , plus long-temps et avec
plus de complaisance , que de celui qui est mort à la tâche! Voilà
deux enfans qui se tuent par le charbon , et leurs vers que vous
trouviez mauvais la veille , vous les imprimez le lendemain avec
éloge ! Voilà un jeune homme qui se jette à l'eau aujourd'hui ,
et le lendemain vous dites : *C'était un poëte !* C'est-à-dire vous en
faites le plus grand éloge qu'on pût en faire ! En voici un autre
qui était un homme jeune et sensé , il aimait les lettres pour lui-
même , et comme il faut aimer les lettres. Il ne pensait ni à la
gloire , ni à la renommée , c'est-à-dire qu'il était aussi heureux
qu'on peut l'être en ce monde. Eh bien ! la folie le prend , il
quitte Paris , il dit adieu à ses amis , à sa mère , il va se tuer
dans un silence inconnu et dans les ruines d'un vieux château ;
et celui-là encore la publicité le prend tout entier , et elle raconte avec les plus minutieux détails , toute cette mort digne de
Werther ! Imprudens , ne voyez-vous pas que l'oubli seul , mais
l'oubli sans publicité et sans retentissement , peut arrêter les
autres folies qui vont venir ! car c'est là une folie contagieuse
comme les autres. Enfin , enfin , car l'autre jour encore , à l'in-

beau de la braver, s'y soustraire serait le
comble de l'infamie. Si l'homme sage doit

---

stant même où tout Paris s'inquiétait d'un tableau de Léopold
Robert, ce grand peintre de trente-cinq ans, voilà qu'on nous
apprend que Léopold Robert est mort, et qu'il s'est tué de ses
propres mains ; et au milieu de la pitié générale pas un cri d'in-
dignation ne s'est élevé.

Et cependant pourquoi celui-là s'est-il jeté dans le suicide! De
quel droit a-t-il voulu mourir! Qui donc le lui a permis ? Et direz-
vous encore que c'est la faute de la société ? Qu'a-t-elle refusé, je
vous prie, la société, à Léopold Robert ? Elle a tout fait pour
lui : elle l'a applaudi avec transport, elle lui a donné un grand
nom ; encore un peu de temps, elle allait lui donner une grande
fortune et le charger d'honneurs. Vous faites de grandes préfaces
sur l'état des poëtes dans la société moderne, et vous vous
évertuez à démontrer que l'homme de talent est aujourd'hui le
plus malheureux des êtres créés ! Paradoxe ! Quel est le grand
poëte qui ne soit pas à sa place aujourd'hui ? Quel est le grand
peintre qui ne soit pas à sa place ? Qu'a-t-il manqué à Léopold
Robert ? Il y a aujourd'hui des peuples entiers qui n'ont pas de
patrie et qui vivent ; mais lui, il avait trois patries : la Suisse qui
lui donna le jour, la France qui l'adopta et qui l'éleva de son
argent et de ses conseils ; enfin la grande patrie italienne qui
l'entoura de ses lumineuses clartés qui lui prêta son grand soleil
et les nobles modèles de sa nature morte et de sa nature animée.
Que manquait-il à Léopold Robert pour aimer la vie ? il avait
trois patries, il avait une mère, il avait un frère, il avait la

savoir vivre, l'homme sage aussi doit savoir mourir.

---

gloire, il avait la fortune, il avait la jeunesse, il avait le présent, il avait l'avenir ; bien p'us, il avait une grande passion dans le cœur, il aimait l'Italie. L'Italie, voilà sa passion, voilà son rêve, voilà son idéal.

Les tableaux de Léopold Robert sont comme les chants divers d'un grand poëme à la louange de la beauté italienne. Dans les *Moissonneurs*, il a célébré la beauté romaine, grande et forte beauté brunie au soleil ; dans l'*Improvisateur napolitain*, Léopold Robert a célébré la beauté napolitaine, déjà plus blanche et plus délicate ; enfin son dernier tableau, les *Pêcheurs*, est consacré à la louange de la beauté vénitienne, maladive beauté que voile la vapeur des lagunes. C'est la dernière œuvre de Robert. Il a jeté là, non pas sa dernière pensée, mais ce qu'il a voulu être sa dernière pensée. Que cette toile est triste ! Le désespoir y est partout. La figure principale, c'est une jeune mère qui tient un enfant dans ses bras et qui regarde le ciel ; deux autres enfans dans la foule et sur le devant du tableau une vieille femme désolée. Regardez bien la tête de cette vieille femme : c'est la tête, c'est le désespoir de Léopold Robert ! Il s'est jeté là comme son dernier adieu à ce monde qu'il voulait quitter. Après quoi il s'est tué, l'ingrat qu'il est, sans penser à sa famille et à la France, et à la gloire ici-bas, et à Dieu là-haut ! Mais le suicide n'a pitié de personne : il est froid, il est inflexible, il est impitoyable, il est sans cœur. Goëthe lui-même, voulant idéaliser le suicide, a fait de son héros un homme sans entrailles, un homme de vanité et

Bernardin de Saint-Pierre , vers les derniers temps de sa vie, disait que toutes les terreurs que la mort nous inspire viennent de ce

rien de plus ; et, pour nous servir d'un exemple récent, savez-vous un être plus odieux que le *Chatterton* du Théâtre-Français ?

Voilà ce qu'il fallait dire à-propos de ce déplorable suicide ! Il fallait dire : Venez voir le tableau d'un fou qui s'est tué après avoir fait presqu'un chef-d'œuvre. Il fallait dire : Venez, et quand vous aurez admiré les belles parties de cet ouvrage, remarquez aussi ce qui lui manque, et soyez bien persuadés, jeunes gens, que l'homme qui se tue n'est jamais un être complet ; l'homme qui se tue n'est pas l'homme qui fait un chef-d'œuvre ; l'homme qui se tue avait encore quelque chose à produire avant de mourir, quelque chose de plus parfait qu'il ne produira pas, première punition de son suicide ; l'homme qui se tue, tue à la fois son corps et son esprit, et son âme et sa pensée, il se tue tout d'un coup et tout entier. Que si vous demandez comment il faut s'y prendre quand on veut mourir, il n'y a qu'un moyen qui soit permis. Il faut avoir le dernier mot de son génie. Il faut jeter en dehors tout ce qu'on a dans son âme, il faut accomplir toute son œuvre, il faut accomplir toute sa tâche ; il faut faire comme Raphaël : il devait mourir à trente-huit ans, à l'âge de Léopold Robert, et à trente-huit ans Raphaël a fait sa *Transfiguration ;* Léopold Robert avait peut-être encore quarante ans à vivre et il n'a produit que les *Moissonneurs* et les *Pêcheurs de l'Adriatique !*

J. JANIN.

que sa pensée n'entre pas assez familièrement
dans notre éducation. On en parle toujours
comme d'une chose extraordinaire, comme
d'un malheur, on s'en étonne souvent, en
sorte qu'il semble que la mort n'est qu'un
accident, bien qu'elle soit partout et que tout
nous la rappelle.

> C'est l'ombre pâle d'un père
> Qui mourut en nous nommant;
> C'est une sœur, c'est un frère,
> Qui nous devance un moment;
> Sous notre heureuse demeure
> Avec celui qui les pleure
> Hélas! ils dormaient hier!
> Et notre cœur doute encore
> Que le ver déjà dévore
> Cette chair de notre chair (1)!

Nous avons cité Bernardin de Saint-Pierre,
qu'on nous permette de retracer ici ses derniers instans; la dernière fois qu'il se fit porter dans son jardin, il remarqua un joli rosier

---

(1) Lamartine, Poésies.

du Bengale tout chamarré de fleurs, mais
dont une partie des feuilles étaient jaunies par
l'approche de l'automne. Il le regarda attenti-
vement et le montrant à sa femme il lui dit :
« Demain les feuilles jaunes n'y seront plus. »
Et comme il vit que ces paroles lui faisaient
répandre un torrent de larmes, il ajouta dou-
cement : « Pourquoi te livrer à d'inutiles regrets ? Ce qui t'aime en moi vivra toujours ;
souviens-toi des diverses périodes de notre vie,
et tu verras qu'il doit encore me revenir quelque chose. N'ai-je pas été petit enfant entre les
bras de ma nourrice ? N'ai-je pas ensuite bal-
butié des mots et répondu, par mes caresses,
aux caressses de mes parens ? Jeune, j'ai par-
couru le monde avec des plans de République,
j'étais alors plein d'ambition et malheureux,
ensuite ma raison s'est éclairée, elle s'est rap-
prochée de la nature et de Dieu, et voilà que
mon âme est prête à se joindre à lui ; tu le vois,
la fin d'une période a toujours été le commen-
cement d'une autre, comme la fin du jour est
l'annonce d'une nouvelle aurore, ainsi la mort
est suivie d'une existence immortelle. »

Quelques heures avant d'exhaler son dernier soupir, sortant d'une longue faiblesse, et
trouvant tous ses proches et ses serviteurs en
pleurs autour de son lit, il leur tendit la main,
sa voix n'était plus qu'un souffle, à peine put-il
leur dire : « Ce n'est qu'une séparation de quelques jours, ne me la rendez pas si douloureuse !
Je sens que je quitte la terre et non la vie ; »
et comme s'il eût cédé à la plus tendre conviction, il ajouta : « *Que ferait une âme isolée
dans le ciel même ?* » Ces mots touchants
furent presque les derniers qu'il prononça, peu
d'heures après Bernardin de St.-Pierre n'était
plus.

Pourquoi le grand peintre des Moissonneurs
a-t-il hâté sa mort ?

Nous laissons aux Phrénologistes et aux
Physiognomonistes le soin de répondre à cette
grave question, puisque le monde semble ignorer les motifs qui ont poussé ce jeune homme
de génie à commettre un crime; c'est à la Phrénologie, qui juge ordinairement en dernier
ressort, à expliquer ces faciles excès.

La Physiognomonie de Léopold Robert est aisée à établir, nous ne disons pas qu'il est impossible de trouver un second homme qui ait de tels yeux, un front, un nez, un menton et une bouche aussi expressifs; mais ce que nous croyons, c'est que l'homme doué de cet ensemble n'est dépourvu ni d'un franc talent, ni d'un grand génie! S'il en était autrement, et nous ne craignons pas de le dire, nous renoncerions pour jamais à la science des physionomies. Hélas! pourquoi Dieu a-t-il allié si peu d'espérance, si peu d'amour de la vie à tant de talent et de génie?

A.

ALIMENTIVITÉ.

Brillat Savarin.

« Ce sont surtout les gens d'esprit qui tiennent
la gourmandise à honneur, les autres ne sont pas
capables d'une opération qui consiste dans une
suite d'appréciations et de jugemens. »

(*Variétés gastronomiques.*)

Cet organe est situé en avant de l'oreille et
au dessus de l'arcade zygomatique. On attribue
assez généralement l'appétit aux nerfs de l'es-
tomac, mais il est de toute évidence que les
instincts dépendent de l'organisation cérébrale.

M. le professeur Dumoutier nous a démontré que l'instinct de l'Alimentivité , inva-
riablement affecté à la portion antérieure des
lobes moyens, est toujours plus large chez les
jeunes enfans que chez les adultes , qu'il se dé-

veloppe de très-bonne heure et devient très-
prédominant chez les gourmands.

Depuis les *inimitables*, dont parle Plu-
tarque, jusqu'à cette société des *bons diables*
que nous avons vus l'an dernier comparaître
en police correctionelle pour contravention à
la loi contre les associations, il y a eu, de tout
temps, de joyeuses réunions dont la table était
le centre, et que présidait une tourmente de
bouteilles. Cette passion, qui fait les délices
des enfans et des vieillards, compte aussi bon
nombre de jeunes gens parmi ses adeptes.
Voici même une lamentable histoire à ce sujet:

Un jeune homme bien né, mais que l'intempérance a perdu, lassé de vivre à trente-
quatre ans, ou plutôt n'en pouvant plus, vé-
gétait dans une sorte d'abrutissement, lors
qu'il fut, un jour, convoqué à un festin solen-
nel : c'était la nuit, dix heures sonnaient,
Charles B..... se traine au joyeux rendez-vous;
la table était déjà dressée : *murida aupellex*,
comme dit Horace, le cristal étincelait, les
fleurs étaient fraiches écloses, les femmes ar-
dentes et légèrement parées, nous vous laissons
à penser la joie des buveurs !

Chacun se met à table et tout va bien jusqu'à onze heures et demie; mais à minuit, au plus fort de sa soif, Charles se trouve mal, il appelle à son aide ses amis les plus chers, vain appel ! L'orgie s'était emparée de toutes les âmes, les plaintes du patient n'excitent que des cris de joie, on se moque de sa douleur; mais le malheureux Charles se sent mourir, il pousse un long cri de rage, des rires stupides lui répondent; alors l'infortuné blasphème et maudit, sa tête s'égare, la fièvre lui donne une énergie factice, il se roule contre ses compagnons hébétés, saisit un couteau et se frappe au cœur. Il fallut du sang pour faire croire à ses dignes amis que le malheureux avait bu trop de vin !

Le surlendemain un char funèbre cheminait vers le cimetière du Montparnasse, une femme âgée le suivait de loin, c'était la mère de Charles B..... ; ses amis de l'orgie ne l'avaient pas accompagné!

Suites déplorables et inévitables de l'intempérance ! Nous n'en dirons pas davantage sur

ce vice honteux. Hufland et de Gérando ont
traité trop savamment de ses dangers et de ses
résultats funestes. D'ailleurs l'ivrognerie est
le vice des laquais et non pas la passion des
honnêtes gens. Celui qui s'enivre est indigne
de boire, celui qui s'indigère ne sait pas manger. L'Intempérance est un vice, la gourmandise est tout au plus un défaut.

La Gourmandise est une préférence raison-
née par le goût, c'est le plus innocent et le plus
joli des vices ; c'est une aristocratie à part qui
a ses philosophes, ses poëtes, ses orateurs, ses
fanatiques, ses grands écrivains et ses grands
hommes dans tous les genres. La Gourmandise
est vieille comme le monde, elle est le plus
solide des liens sociaux. La Gourmandise c'est
l'égalité à table, c'est la liberté à table, que
dis-je ? c'est le bonheur à table.

La Gourmandise, considérée au physique,
est le résultat et la preuve de l'état sain et parfait des organes destinés à la nutrition. La
Gourmandise est une résignation implicite
aux ordres du créateur, qui, nous ayant or-

donné de manger pour vivre, nous y convie
par l'appétit, nous soutient par la saveur, et
nous en récompense par le plaisir.

La Gourmandise unit les peuples par l'é-
change réciproque des objets qui servent à la
consommation journalière.

« La Gourmandise est l'âme du commerce,
elle fait voyager d'un pôle à l'autre, les vins,
les eaux-de-vie, les sucres, les épices, les salai-
sons etc.; elle soutient le courage, l'espoir,
l'émulation des pêcheurs, chasseurs, horti-
culteurs et autres *artistes* qui remplissent
journellement les offices les plus somptueuses,
du résultat de leurs travaux et de leurs découvertes ; c'est elle qui fait vivre honorablement
cette multitude industrieuse de cuisiniers,
pâtissiers, rôtisseurs, confiseurs, restaura-
teurs, qui, à leur tour, emploient, pour leurs
besoins journaliers, d'autres ouvriers de toute
espèce. »

Heureuse, aujourd'hui, l'industrie qui a la
gourmandise pour objet! Elle présente d'autant plus d'avantage qu'elle s'appuie d'un côté

sur les grandes fortunes, de l'autre sur des besoins sans cesse renaissans.

Voici ce qu'un illustre gourmand, qui s'est rendu immortel à force de bonne chère, raconte dans son livre, pour prouver l'utilité politique de son défaut favori :

« Lorsque le traité du mois de novembre 1815 imposa à la France l'obligation de payer à nos amis les alliés plus de sept cents millions, les gens les plus sages craignirent, avec raison, qu'un paiement aussi considérable et qui s'effectuait jour par jour, en numéraire, n'amenât la gêne dans le trésor, la dépréciation de toutes les valeurs fictives et par suite tous les malheurs qui menacent un pays sans argent ; l'événement démentit ces terreurs et on eut bientôt la preuve arithmétique qu'il entrait plus d'argent dans Paris qu'il n'en sortait. »

Qui opéra ce miracle? La Gourmandise !

Quand les Germains, les Bretons, les Teutons, les Cimmériens, les Scythes et autres vainqueurs entrèrent dans cette France, qui,

Dieu merci, n'était pas faite pour eux, ils y apportèrent une voracité rare et des estomacs d'une capacité peu commune; leur gourmandise septentrionale ne se contenta pas longtemps de la chère officielle d'une hospitalité forcée. Vainqueurs, ils aspirèrent à des jouissances plus délicates que l'ordinaire des vaincus ; bientôt la métropole devint un vaste restaurant où ces barbus se gorgèrent de viandes, de poissons et de pâtisseries, qu'ils arrosaient des meilleurs vins, tout comme si les barbares s'y connaissaient.

Ils restèrent jusqu'au dernier moment sous le charme de l'*Alimentivité,* rendant au commerce, chaque soir, plus d'argent que le trésor public ne leur en avait compté le matin.

Ce fut le bon temps de la cuisine parisienne, les fourneaux faisaient de l'or. Véry, Achard, Beauvilliers, Sullot, qui vous a faits riches? La Gourmandise, à qui vous n'avez pas même élevé le plus simple autel.

La Gourmandise est là à chaque octroi, à

7

chaque barrière, à chaque douane, payant en riant les impositions indirectes et remplissant le trésor public sans se plaindre jamais.

Du palais des Tuileries à la dernière Sous-Préfecture de France, la Gourmandise réunit, encourage, concilie, amadoue et endort les hommes les plus intraitables ; elle est le grand conseil de la diplomatie et de la politique européenne. Quand M. Rothschild a bien diné, il dit à son cuisinier ! *Toi et moi nous sommes deux grands hommes,* et S. M. Rothschild ne se trompe qu'à demi.

Voulez-vous connaître la Physiologie d'un gourmand ? la voici : stature moyenne, visage rond ou carré, œil luisant, front petit, nez court, lèvres charnues et menton arrondi. Tout au rebours, l'homme assez simple pour ne manger que pour vivre, a le visage long, le nez long, les yeux longs ; tout est long chez lui, excepté l'heure des repas.

Parmi nos contemporains, il est deux noms justement célèbres dans les fastes de la gastronomie, MM. Henrion de Pensey et Anthelme

Brillat-Savarin, conseiller à la cour de cassa-
tion, membre de la légion d'honneur et de
plusieurs sociétés mangeantes.

L'un se montra toujours gastronome émé-
rite, l'autre a légué à la postérité les recettes
merveilleuses de *l'omelette au thon*, *de la fon-
due et du faisan à la sainte alliance;* le premier disait à de la Place, Chaptal et Berthollet:
« Je regarde la découverte d'un mets nouveau
« qui soutient l'appétit et prolonge nos jouis-
» sances, comme un événement bien plus in-
» téressant que la découverte d'une étoile, car
» on en voit toujours assez. » Mais le second
a écrit l'ouvrage qui forme le fonds de cet article, *la Physiologie du goût*, un de ces livres
qui peignent admirablement un homme et une
époque, une sorte d'encyclopédie à la fois morale, médicale, chimique, mais surtout gour-
mande, où l'auteur, avec une franchise toute
gastronomique, se déclare *Galliste et Lava-
tériste.*

Cicéron définit l'orateur un honnête homme
qui sait parler, on peut dire que Brillat-Savarin était un honnête homme qui savait manger.

I.

AMATIVITÉ.

Le Docteur Gall.

Il ne fait pas grand usage des filles,
Mais il les aime et trouve toujours bon
Que du plaisir on leur donne leçon,
Quand elles sont honnêtes et gentilles.

VOLTAIRE.

Cet organe, situé entre la protubérance occipitale, au milieu de la nuque et derrière les apophyses mastoïdes, fut découvert par le docteur Gall, de la manière suivante : il était médecin d'une jeune et sensible veuve, entraînée par une passion qui la dominait, elle se plaignait d'une tension et d'une chaleur excessives à la région du crâne qui correspond au cervelet.

Appelé à lui donner ses soins, Gall fut frappé de la chaleur de la nuque et de sa largeur qui s'écartait de la dimension ordinaire ; c'en fut assez pour lui faire penser qu'il pourrait bien y avoir un organe de *l'amour physique ;* il dirigea, avec la sagacité qui lui était particulière, ses recherches de ce côté là, comparant les têtes des hommes les plus enclins à *l'Amativité* avec celles des personnes chez lesquelles ce penchant était peu actif : il se convainquit, par des observations réitérées, que la nuque était toujours large et saillante chez les hommes d'une complexion amoureuse ; étroite et petite chez ceux qui avaient une disposition inverse ; que le cervelet offre plusieurs degrés d'activité presque toujours en rapport avec son développement, et en effet, peu de personnes demeurent constamment indifférentes à l'amour physique ; d'autres (c'est le plus grand nombre), à l'exemple de Gall, vantent bien haut leur fidélité conjugale en présence de leurs femmes, mais pour ne pas se montrer ingrats à leur organisation, n'en paient pas moins leur tribut au beau sexe.

Il est encore des hommes, espèces de brutes, tellement portés à ce penchant, qu'il les entraîne non seulement au cynisme, mais au crime : ainsi le fils d'Agrippine, n'accomplissant ses orgies nocturnes que baigné du sang des chrétiens ; au dix-huitième siècle, un grand seigneur professait publiquement les vices les plus infâmes, et, écrivait Justine ; disons-le, à la gloire de l'humanité, de tels exemples sont rares. Néanmoins, de nos jours, ces misérables ont trouvé des émules dans des hommes sanctifiés par le sacerdoce.

Dieu, en soumettant tous les êtres à rentrer dans le néant, leur a accordé le don de la régénération ; aussi de tous les penchans, *l'Amativité* est-il le plus impérieux qui soit dans la nature, et il faut bien le reconnaître, de toutes les causes qui abrègent notre vie, c'est celle qui réunit les moyens de nuire à un plus haut degré.

Les femmes arrivent à l'état de puberté plus tôt que les hommes, mais ces derniers se montrent presque toujours plus enclins à l'a-

mour physique ; nous avons pourtant connu
quelques jeunes filles tellement dominées par ce
penchant, qu'elles en perdaient toute retenue,
et se livraient, au seul aspect d'un homme,
aux actions les plus lascives, rien ne pouvait
les arrêter dans cette honte, ni la présence de
leur mère, ni les travaux les plus assidus, ni
les remontrances et les châtimens. La frénésie
cessait, comme par enchantement, dès lors
qu'elles demeuraient seules avec des femmes.

En présence de pareils faits, établir que
Dieu a voulu renfermer notre existence en
nous-mêmes, serait absurde, pourquoi aurait-
il accordé à toute la création une surabon-
dance vitale propre à reproduire de nouvelles
vies ?

Mais cette grande et éternelle passion du
cœur de l'homme, prenez garde ! si vous ne
la guidez, elle vous entraîne ; si vous ne la
modérez, elle vous perd. L'amour a produit
de grandes vertus, mais qu'il a produit de
grands crimes ! Quand le sang du jeune homme
gronde en bouillonnant dans ses veines, quand

la passion lui monte au front, quand il jette
ses rêves çà et là, les rêves brûlans de sa dix-
huitième année, alors malheur à cette pauvre
tête si la raison ne vient à son secours !

Nos penchans, abandonnés à eux-mêmes,
ne produisent jamais qu'une flamme légère,
que le moindre souffle éteint, mais fortifiés
par le feu de l'imagination, aliment inépui-
sable des sens ; ils ne connaissent plus de
bornes.

Voici un double suicide avec des circonstances qui prouvent jusqu'à quel point l'*A-
mativité* peut dominer et égarer le cœur d'un
jeune homme, alors même que l'instruction a
éclairé son esprit et développé ses facultés intellectuelles.

C'est un homme de lettres, qui, devenu
l'amant d'une fille publique, et désespéré de
ne pouvoir l'arracher à son ignoble métier,
aime mieux mourir avec elle que d'endurer
chaque jour le supplice de la voir appartenir
à d'autres qu'à lui !

Hâtons-nous de le dire, toutefois, *l'habitude de la débauche* n'a pas peu contribué à éteindre les sentimens d'honneur qu'une bonne éducation avait dû faire germer dans l'âme du jeune Pouillet ; depuis long-temps il s'occupait beaucoup plus de ses plaisirs que de ses travaux littéraires. Parmi les femmes dont il faisait sa société habituelle, Marceline avait su prendre sur lui un empire irrésistible, et il ne pouvait la voir auprès d'un autre sans être saisi d'une fureur jalouse. Pendant quelque temps, ils s'efforcèrent de pallier et de dissimuler tout ce qu'il y avait de cruel et de honteux dans cette position. Marceline, pour lui dérober la vérité, employait tout ce que l'adresse d'une femme peut avoir de ressources; le jeune homme, de son côté, essayait, par quelques sacrifices pécuniers, de la mettre au-dessus du besoin.

Cependant devenu presqu'incapable de se livrer au travail, il ne put long-temps continuer ces secours, et alors l'un et l'autre semblèrent avoir pris leur parti et se résigner. A ce calme apparent succéda bientôt chez Pouillet un

violent désespoir ; déterminé à mourir, mais
à mourir avec Marceline, il la fit venir dans
son logement, rue Rousselet, N°. 8, où le
charbon mortel était déjà disposé pour tous
deux ; là ils tracèrent leurs dispositions dernières, dans un écrit où ils demandent que,
puisqu'ils n'ont pu, dans ce monde, être entièrement l'un à l'autre, on veuille bien du moins
les enterrer ensemble ; et, peu d'heures après,
l'acide carbonique avait consommé le double
suicide de ces infortunés !

L'histoire nous offre à tous les âges de hideux exemples d'immoralité, seront-ils donc
regardés comme le pur ouvrage des sens? Croi-
ra-t-on que le seul instinct de la nature nous
porte à de pareils excès? Non sans doute, une
sensation passagère ne sera jamais capable de
rendre les hommes féroces et de les faire descendre au rang des brutes ; cependant comme
on ne saurait trop avertir la jeunesse du tort
irréparable qu'elle fait à sa santé en abusant
des plaisirs de l'Amativité, nous ne croyons
pas être sorti des limites que nous nous sommes
imposées, en montrant aux jeunes gens comment

ce penchant qui nous procure de si douces jouissances, se change par l'abus, en un poison lent et
devient une des principales causes de la morta-
lité excessive qui règne parmi nous. Combien de
ravages ne fait pas, chez les enfans cette passion
physique développée trop vite ! Quand l'enfant, livré à ses sens, porte sur lui des mains
meurtrières (1); quand dans l'isolement de ses
nuits coupables il rejette loin de ses yeux fatigués le doux sommeil, alors on voit le malheureux mourir peu à peu. Son bel œil bleu s'éteint
et languit sans flamme et sans larmes; ses joues,
si vives, perdent leurs belles et naïves cou-
leurs sa lèvre rose tombe et se décolore ; déjà
il n'a plus ces cheveux blonds, bouclés et soyeux,
l'orgueil et la joie de sa pauvre mère, et puis
enfin quand l'enfant est devenu un cadavre, il
meurt; heureux encore qu'il soit mort, car il
eût traîné une horrible et languissante vie,
sans peines, sans honneur, sans esprit, sans
passions, sans bonheur !

---

(1) Le curé de Saint-Roch nous a assuré qu'il enterrait an-
nuellement quinze cents enfans victimes de cette misérable
passion.

Dès le premier examen, on reconnait chez le docteur Gall uu esprit lumineux. Peu de fronts renferment des idées plus solides et plus précises, l'œil de cet homme pénètre à travers la surface des objets; on trouve autour de la bouche une expression indéfinissable d'amour, de bon goût et d'élégance, et l'on distingue surtout dans l'ensemble du visage une empreinte profonde de malice, de prudence et d'habileté.

Remarquons aussi la position horizontale des yeux, du nez, de la bouche, et en général la proportion de tout l'ensemble, proportion facile à sentir, mais difficile à décrire. Remarquons et analysons avec soin toutes ces choses, parce qu'elles annoncent indubitablement le calme et la confiance d'une âme ferme.

Tel était le docteur Gall, notre maître !

II.

PHILOGÉNITURE.

———◦———

Casimir Périer.

« L'amour des pères pour leurs enfans varie beaucoup ;
quelques-uns considèrent leurs enfans comme leur plus
grand trésor , d'autres comme leur plus grand fardeau. »

SPURZHEIM.

L'organe de la Philogéniture est situé dans
les lobes postérieurs. Les deux organes forment
souvent une protubérance simple quand les
deux lobes sont rapprochés, quelquefois il y
a deux protubérances, une de chaque côté,
quand les lobes sont un peu écartés.

Philogéniture! C'est le sentiment le plus tendre du cœur de l'homme, c'est le mouvement le plus naturel, le plus généreux qui puisse émaner de l'*Amativité*. La *Philogéniture* communique à l'âme d'une mère un courage qu'on croirait au-dessus des forces de la nature.

Voyez la jeune Isaure, éclatante d'attraits :
Sur un enfant chéri, l'image de ses traits,
Fond soudain ce fléau qui, prolongeant sa rage,
Grave au front des humains un éternel outrage.
D'un mal contagieux tout fuit épouvanté ;
Isaure sans effroi brave un air infecté.
Près de ce fils mourant elle veille assidue.
Mais le poison s'étend et menace sa vue :
Il faut, pour écarter un péril trop certain,
Qu'une bouche fidèle aspire le venin.
Une mère ose tout ! Isaure est déjà prête :
Ses charmes, son époux, ses jours, rien ne l'arrête ;
D'une lèvre obstinée elle presse ces yeux
Que ferme un voile impur à la clarté des cieux.
Et d'un fils, par degrés, dégageant la paupière,
Une seconde fois lui donne la lumière. (1)

_____

(1) Legouvé, *Mérite des Femmes.*

Nous entendons souvent des pères se plaindre de l'ingratitude de leurs enfans, et ce n'est pas sans motif (1); mais n'en sont-ils pas souvent la première cause?

---

(1) Un parricide a été commis le 18 mars dans la commune d'Agnac, arrondissement de Marmande, sur la personne de M. André Miquel.

Un parricide! le crime des crimes, que les anciens législateurs avaient oublié à dessein, comme impossible.

Le 17 mars 1855, M. Miquel se trouvant très-indisposé, se retira dans sa chambre et pria son fils Donatien de bassiner son lit et de lui apporter un verre d'eau sucrée. Le lendemain, le malade dit à la fille de service, qui venait allumer le feu, qu'il avait été *tracassé* pendant la nuit par de vives coliques. Donatien entra peu d'instans après, fit avaler à son père un verre d'eau chaude sucrée, avec un léger mélange de vin, et sortit de l'appartement.

Le père se leva et ressentit alors de violentes coliques.

— « Marie, dit-il à la servante, je soupçonne *mon* Donatien de m'avoir empoisonné? » — Oh Monsieur! comment pouvez-vous dire une telle chose! Oui mon enfant je le crois! Le fils rentra. « Donatien, lui dit son père, goûte l'eau sucrée que tu m'as fait prendre; vois comme elle est bonne!... *Tu m'ennuies,* » répondit le fils, et il se retira.

M. Miquel voulut se convaincre du crime; il se fit apporter la

8

Les enfans sont presque toujours ce qu'on
les fait. Il n'est point de caractère si vicieux,
si altier qu'il soit, qu'on ne puisse plier au
bien, avec une assiduité et des soins paternels.

---

cafetière où son fils avait fait chauffer l'eau sucrée ; il ramassa
l'écume qui s'était formée sur les bords, la mit sur un morceau
de papier et jeta dessus un charbon ardent.

Cette matière répandit une forte odeur d'ail. « Je n'en veux
pas savoir davantage, dit le malade ; tu le vois, Marie, c'est
de l'arsenic : mon fils m'a empoisonné ! » Le misérable était aux
aguets ; il revint auprès de son père. « Ah ! Donatien, mon ami,
lui dit ce dernier, en le serrant entre ses bras, que je te plains,
tu m'as empoisonné ! »

Le fils repoussait son père en lui disant : « *Allons donc, tu
m'ennuies*, » et il sortit encore ; alors la fille crut s'apercevoir
qu'il allait et venait dans la maison, qu'il faisait même son
porte-manteau ; elle en prévint le père, qui lui dit : « Où veux-
tu qu'il aille ? »

Le poison faisait de violens ravages. Tourmenté par la douleur, M. Miquel se promenait dans la maison, et dit plusieurs
fois à ses domestiques : « Oh ! je suis bien malheureux, mon
fils m'a empoisonné ; je ne me trompe point, ce n'est que trop
vrai. » A l'instant même il fut pris d'un vomissement très-vio-
lent ; il rentra dans sa chambre, suivi de Marie, et alla un moment après aux latrines. Donatien saisit ce moment pour pénétrer
dans la chambre de son père, ouvrit un petit meuble attaché au

Honte et malheur au père et à la mère qui
se croyent quittes avec leurs enfans quand ils
leur ont donné le jour. L'enfant ne vit pas
seulement du lait de sa mère, mais encore de

---

mur, s'empara de tout l'argent qu'il renfermait, commanda le
secret à la fille, d'une voix menaçante, et sortit.

Bientôt après il alla dans la cuisine où il rencontra Marie, et
lui demanda si son père n'avait pas dit qu'il l'avait empoisonné ;
Marie hésitait à répondre. « Eh bien oui, continua-t-il, c'est
vrai, je lui ai fait prendre de l'arsenic ; mais n'en dites rien. »

Le misérable se dirigea vers la chambre de son père, à peine
était il entré qu'on entendit une forte détonnation. Tout le
monde accourut, et l'on vit l'infâme Donatien qui s'enfuyait
par un corridor. Marie entra dans la chambre de M. Miquel
et le trouva mort sur son fauteuil !

On se mit à la poursuite du parricide ; mais celui-ci, jeune et
alerte, fut bientôt hors de toute atteinte ; la nuit commençait.

L'autorité se transporta dans la soirée au domicile de M. Miquel, pour dresser procès-verbal de l'assassinat. On trouva le
cadavre assis dans un fauteuil, vis-à-vis la cheminée ; le sang
coulait encore par la bouche et par les narines ; l'œil gauche
était sorti de l'orbite. Cette affreuse blessure provenait d'un
coup d'arme à feu tiré sur la nuque et se dirigeant transversale-
ment vers l'œil gauche ; le coup avait été tiré de si près que le

l'éducation qu'on lui donne; il a une âme et un corps qu'il faut élever doublement.

Veillez donc avec toute sollicitude sur ces jeunes plantes, si vous voulez qu'un jour elles portent de bons fruits. Faites avant tout que votre enfant vous aime, si vous voulez qu'il vous respecte. L'amour engendre l'amour, point de supplices pour l'enfant, mais aussi point de faiblesses, mais aussi de tendres paroles, de bons conseils, de doux reproches; vous qui êtes père, sentez, non pas derrière votre cœur, mais dans votre cœur; le sentiment de la Philogéniture, c'est la voix de la nature qui vous crie *aimez vos enfans!* Or, aimer ses enfans, c'est les faire des hommes de bonne heure.

En effet, qu'est-ce qui nous attache à nos pa-

---

plomb de chasse, dont cette arme avait été chargée, avait produit l'effet d'une balle : le collet de la rédingotte et la cravatte étaient troués par la charge. Dans un coin de la chambre on trouva un fusil double à piston, dont le côté gauche avait été tout fraîchement déchargé!

Gazette des Tribunaux.

rens? Ce sont moins les liens du sang que la tendresse dont ils nous donnent des marques, le bien être que nous en recevons et celui que nous en attendons.

Vous savez dans Virgile ce que dit Énée à son père, vous savez ce que fait le pieux Énée dans l'incendie de Troie:

Ergo age, care pater, cervici imponere nostræ;
Ipse subibo humeris, nec me labor iste gravabit :
Quò res cumque cadent, unum et commune periclum
Una salus ambobus erit (1).

Et avant Énée, Antigone, la chaste fille du criminel OEdipe, Antigone la plus charmante créature de la Grèce antique ; la fille qui tremble et qui prie pour son père, celle qui prête sa blanche épaule à un vieux père aveugle,

---

(1) Eh bien ! mon père, au nom de mon amour pour vous,
   Laissez-moi vous porter; ce poids me sera doux :
   Venez, qu'un même sort tous les deux nous rassemble ;
   Venez, nous périrons, ou nous vivrons ensemble.
                                        DELILLE.

dont la voix douce et plaintive met en fuite
les furies acharnées, Antigone enfant charmante, placée à côté du vieux roi de Thèbes,
pour faire résoudre la fatalité qui le poursuit.
O l'amour filial! le plus beau des amours après
l'amour paternel. C'est l'honneur du monde,
c'est la sauve-garde du monde. Aussi les enfans
qui ont aimé leur père ont-ils laissé un nom
respecté et chéri dans l'avenir. Énée, fils
d'Anchise, donne la main à la douce Antigone,
fille du malheureux OEdipe.

Tout au bout de cette mémorable liste de
dévouemens est placé avec orgueil le nom de
mademoiselle de Sombreuil qui, pour sauver
son père de la hache révolutionnaire, boit un
verre de sang humain !

Il est vrai que tous les hommes ne sont pas
des Malherbe, des Cazotte, des Bois-Bérenger,
des Sombreuil! Beaucoup de pères ne désirent
des enfans, ne les aiment, ne les élèvent que
pour eux; ils ne les établissent souvent que
pour satisfaire à leur ambition ou à leur amour-

propre! A cela nous répondons avec Pierre
Corneille :

> . . . Un père est toujours père ;
> Rien n'en peut effacer le sacré caractère (1).

Beaux exemples et qui tiennent tous au
même organe, ou plutôt au même principe ;
car en général celui-là est un bon père qui
toute sa vie a été un bon fils.

Arrivons à la physiognomonie de Casimir
Périer.

Mis en parallèle avec vingt autres archetypes,
ce portrait conservera toujours le caractère
unique et distingué de celui qu'il représente ;
quelle harmonie, quelle unité, quelle justesse
de rapport dans l'ensemble du visage, nous ne
dirons pas tout ce que nous en pensons ; mais
quelle énergie dans le nez seul, où, si l'on veut,
dans son élévation presqu'imperceptible, assurément si nous en croyons l'expression de l'arc

---

(1) Polieucte.

que forme le contour du visage, cet homme,
la plus ferme volonté de la révolution de juillet,
était accoutumé à dicter la loi aux autres, mais
à ne la recevoir de personne. Pour être franc,
nous ne dissimulerons pas que l'indulgence et
la modération qu'on y remarque nous parais-
sent plutôt l'effet de vertus acquises, qu'une
prédisposition naturelle ; et pourtant M. Casimir Périer adorait ses enfans et en était adoré.

III.

HABITATIVITÉ.

𝔖ir 𝔚alter 𝔖cott.

O Patria !

TANCREDI.

Cet organe est situé immédiatement au-dessus de l'organe de la *philogéniture*.

Nous avons entendu reprocher à la philosophie d'avoir éteint dans nos cœurs l'amour de la patrie et du foyer domestique; misérable et ridicule reproche ! Quand on n'aimera plus la France, il n'y aura plus de Français en France, il n'y aura plus de patrie. La patrie, c'est le feu sacré qui brûle toujours, c'est le sang en nos veines, c'est le battement de notre cœur. La patrie! la patrie! c'est le dernier mot français que nous dirons quand le monde croulera.

Il est d'autres hommes qui regardent l'*habitativité* comme un fanatisme; gardez-vous de parler devant eux du village où vous avez vu le jour, de votre attachement au sol, à l'air, au clocher de votre hameau, au grand fleuve qui murmure là-bas; ce sont là autant de mystères impénétrables pour ces âmes froides et égoïstes; dans ces âmes, le *moi* domine; ces gens-là n'aiment rien qu'eux-mêmes; ils n'ont pas une association d'idées qui soit bienveillante : à les entendre, on dirait qu'ils n'ont pas eu d'enfance et qu'ils n'auront pas de tombeau.

Cela est si bon, cependant, d'avoir un coin de terre privilégié pour y placer la scène de ses beaux rêves, de ses jeunes amours et de son heure dernière! Cela est si doux d'arranger la vie là-bas dans la petite maison blanche recou-

verte de tuiles rouges, comme faisait Jean-
Jacques! Là, vous êtes connu par le dernier
arbre du hameau, le coq qui chante a salué
votre berceau, cette croix de bois a présidé à
votre baptême, cette étoile au ciel s'est levée
entre les nuages pour défendre votre vie ; la
vieille église vous a ouvert ses deux portes
bienveillantes. Là seulement vous êtes chez
vous et avec votre famille ; car c'est là que repose votre père, là s'est endormie votre mère,
là vous avez été un enfant, là vous serez un
vieillard !

> O village charmant, ô riantes demeures !
>
> . . . .
>
> Il semble qu'un autre air parfume vos rivages ;
> Il semble que leur vue ait ranimé mes sens,
> M'ait redonné la joie et rendu mon printemps.

« Je me rappelle, dit Bernardin de Saint-
» Pierre, que lorsque j'arrivai en France sur
» un vaisseau qui venait des Indes, dès que
» les matelots eurent parfaitement distingué
» la terre de la patrie, ils devinrent pour la
» plupart incapables d'aucune manœuvre. Les

» uns la regardaient sans pouvoir en dé-
» tourner les yeux, d'autres mettaient leurs
» beaux habits, comme s'ils avaient été au
» moment d'y descendre; il y en avait qui
» parlaient seuls et d'autres qui pleuraient.
» A mesure que nous approchions, le trouble
» de leur tête augmentait. Comme ils étaient
» absens depuis plusieurs années, ils ne pou-
» vaient se lasser d'admirer la verdure des
» collines, le feuillage des arbres, et jusqu'aux
» rochers du rivage couverts d'algue et de
» mousse, comme si tous ces objets leur eussent
» été nouveaux. Les clochers des villages où
» ils étaient nés qu'ils reconnaissaient au loin
» dans les campagnes qu'ils nommaient les
» uns et les autres, les remplissaient d'allé-
» gresse. Mais quand le vaisseau entra dans le
» port, il fut impossible d'en retenir un seul à
» bord, tous sautèrent à terre, et il fallut
» suppléer aux besoins du vaisseau par un
» autre équipage. »

L'habitant des grandes villes est naturellement cosmopolite : pour lui, l'amour de la

patrie n'est qu'un mot sonore (1), un lieu commun, comme les *plaisirs purs et sans nuages d'une existence champêtre*. Cet organe serait en effet un fardeau bien pesant pour le citadin qui naît, grandit et meurt au milieu du bruit et du changement, voyageant dans la vie, comme l'Arabe dans le désert, dressant sa tente là où se trouvent les meilleurs pâturages, mais sans jamais y fixer ses affections. C'est au fond d'une province, dans quelque coin de terre ignorée, où les rameaux de la foi de nos pères et de l'esprit de famille ombragent encore le berceau du nouveau-né, c'est en Bretagne, en Vendée, en Suisse; en Irlande ou en Écosse, qu'il faut chercher des types remarquables d'habitativité.

---

(1) On sent bien que l'auteur parle en général; car il y a de nombreux exemples de citadins qui naissent et meurent dans la ville qui les a vus naître. Montaigne, dont les Essais trouveront toujours des lecteurs, dit, en parlant de la ville de Paris : « Elle » a mon cœur, dès mon enfance, et m'en est advenu des choses » excellentes; plus j'ai vu depuis d'aultres villes belles, plus la » beauté de celle-cy peut et gaigne sur mon affection; je l'ayme » tendrement jusques à ses taches, je ne suis Français que par » cette grande cité. »

Tirez le Breton, le Suisse, le Vendéen, l'Irlandais, ou l'Écossais, de ses belles montagnes,
placez-le au milieu de la foule la plus bril-
lante, le monde ne sera pour lui qu'un triste
désert; car il n'y trouvera plus ces douces affections de la famille dont il a contracté l'habitude, et il éprouvera bientôt le désir de
revoir son hameau, sa maison, son père et son
enfant.

Vous connaissez cet air de l'Helvétie, antique et simple, appelé le *Ranz des vaches?*
Eh bien, à une certaine époque, on cessa de
le jouer en France et en Hollande, parce que
les soldats suisses désertaient par compagnies;
c'est qu'il y a dans cette musique quelque
chose de magnétique pour un cœur monta-
gnard; pour lui, le *Ranz des vaches*, c'est le
retentissement des échos, le son harmonieux
des mille clochettes du troupeau; c'est aussi
les pâturages, les vallons, les lacs, les montagnes de la Suisse; c'est le souvenir des veil-
lées au châlet, des premières amours et du
gazon où reposent ses pères.

L'*habitativité* se montre avec plus d'énergie chez les sauvages que chez les hommes
policés. Nous ne citerons pas les sages Sa-
moïèdes, que la cour de Russie n'a pu déterminer à quitter les bords de la mer Glaciale
pour s'établir à Saint-Pétersbourg ; ni ces
Groenlandais qu'on amena comblés de bien-
faits à Copenhague et qui moururent de chagrin au milieu des magnificences de la cour de
Danemark ; mais nous vous entretiendrons des
derniers guerriers Charruas échappés par miracle au massacre général de leur tribu.

Pauvres Charruas, que nous avons vus
mourir ! sans doute, avant d'être esclaves,
c'étaient de farouches et vindicatifs guerriers ;
mais le malheur, lien sacré de toutes les nations, les unissait à nous. Armés pour la défense
du territoire injustement envahi, leurs frères,
plus heureux, étaient tombés massacrés, mais
non vaincus, par la discipline et par le nombre ;
parmi ces sauvages héros, quatre restaient
comme pour attester de l'adresse et du courage de leur horde ; tous les quatre sont morts
à Paris, en 1834, de froid et de faim ! Péru,

le caciqué, et Sénaqué, son vieux compagnon d'armes, abandonnés de tous, mourant d'inanition, dans le transport de l'hôtel garni à l'Hôtel-Dieu, d'une misère à une autre misère, jetant un dernier et douloureux regard sur le passé, comparaient encore les haridelles qui les voituraient péniblement aux bonds joyeux, à l'allure sauvage de leurs coursiers andaloux (1); au souvenir de leurs forêts, filles vierges de la création, ils souriaient avec dédain à la végétation rabougrie de nos boulevards. Nous les vîmes détourner les yeux de l'égout fangeux qui baigne et mine sourdement la vieille cathédrale; car devant leur imagination délirante se déroulaient majestueusement les flots argentés de la Plata et de l'Uraguay. Malgré leur affreuse résignation, de grosses larmes brûlantes s'échappaient de leurs yeux, lorsqu'ils comparaient notre sèche pitié à l'hospitalité franche et cordiale des Yaros, leurs voisins des rives du San-Salvador.

---

(1) Telle est l'origine de leurs chevaux.

Oh! comme l'amour sacré de la patrie tenait au cœur de ces malheureux! comme ils regrettaient le désert où dorment à jamais leurs frères et le chaume de leur hutte d'argile! Nous avons vu *Péru , Péru ,* le plus brave guerrier de la tribu , pleurer amèrement le tronc d'arbre qui fut son canot , ses filets pour la pêche de nuit, et ses *lassos* pour la chasse du taureau sauvage.

Tout était pour lui beau et regrettable dans sa patrie, tout, même les jaguars, ces féroces et redoutables ennemis, contre lesquels il avait plus d'une fois lutté victorieusement corps à corps.

Nous pensons que, sous le point de vue de l'habitativité, les sauvages doivent être pour les phrénologistes et les physiognomonistes un sujet important de méditation.

Arrivons à sir Walter Scott ; son amour exclusif pour les sujets Écossais prouve son attachement pour Abbotsford et pour l'É-

9

cosse (1) ; passionné pour les vieux us de
sa patrie, le noble baronnet se dédomma-
geait, en les peignant, du chagrin de ne pouvoir

---

(1) Notre promenade nous conduisait sur des hauteurs qui
dominent une perspective étendue. « Nous y voici, dit Scott ; je
vous ai amené, comme le pèlerin dans *The Pilgrims'progress* (1),
au sommet des montagnes délectables, pour pouvoir étaler à
vos yeux toutes les merveilles de nos pays. Là, vous avez Lam-
mermoor et Smailholme ; ici, c'est Galashiels et Torwoodlee,
puis Gala-Water, et dans cette direction, regardez ! voilà Te-
viotdale, voici le bras de Yarrow ; et ce filet d'argent qui ser-
pente sous vos yeux, c'est le limpide courant d'Eestrick qui va
se jeter dans la Tweed. »

Il poursuivit, passant en revue tous les noms célèbres jadis
dans les chants de l'Ecosse, et qui ne doivent aujourd'hui leur
vif intérêt qu'à sa plume. En effet, une grande étendue du pays
des frontières se prolongeait à l'horizon devant moi, et je pouvais
distinguer les lieux où s'étaient passées les scènes de ces poëmes,
de ces romans qui ont en quelque sorte ensorcelé le monde.

Je regardai quelque temps autour de moi dans une muette
surprise, je pourrais presque dire dans un muet désappointe-
ment. Une succession de collines grises, à cimes ondulantes et
monotones, les unes derrière les autres aussi loin que ma vue
pouvait atteindre. On aurait presque distingué une grosse
mouche marchant le long de leurs profils arides, tant elles étaient

(1) Ouvrage allégorique de John Bungan, vieil auteur anglais.

les suivre religieusement, et son admiration
pieuse pour le caractère national, admiration
qui nous l'a fait choisir pour type, perce encore
dans la complaisance que met maître Jedediah

---

dépourvues de végétation, et cette Tweed si renommée coulait
entre des montagnes stériles, sans un taillis, sans un bouquet
d'arbres pour ombrager ses rives. Cependant il y a une telle
magie dans le reflet jeté par la poésie et l'imagination sur toute
cette contrée, que je la préférais aux plus beaux sites que j'eusse
admirés en Angleterre. Et je ne pus m'empêcher d'en dire toute
ma pensée.

Scott chantonna quelques minutes entre ses dents et devint
fort grave. Il n'entendait nullement que sa muse fut louée aux
dépens de ses montagnes natales. « Ce peut être entêtement,
prévention, dit-il enfin ; mais ces collines grises, ces frontières
sauvages, ont à mes yeux des beautés qui leur sont propres :
*J'aime jusqu'à la nudité de cette terre, j'aime jusqu'à sa physiono-
mie sévère, agreste, rustique.* Quand j'ai passé quelque temps au
milieu de ces riches campagnes d'Edimbourg, semblables à un
jardin de luxe surchargé d'ornemens, j'en viens à me souhaiter
de nouveau au milieu de mes honnêtes, de mes naïves collines
aux teintes grisâtres. *Vrai, si je ne voyais les Bruyères au moins
une fois l'an, je crois que j'en mourrais !*

Il accompagna ces derniers mots, dits avec une verve qui
partait du fond du cœur, d'un bon coup de canne frappé sur le
sol, comme pour ajouter à l'énergie de ses paroles.

WASHINGTON IRVING.

Cleishbotham (1) à en détailler jusqu'aux
moindres défauts. On dit que lady Morgan
rivalise avec sir Walter Scott; à la vérité, elle
traite, comme lui, des sujets nationaux ; mais
il y a dans les écrits de la spirituelle lady
beaucoup plus d'*approbativité* que d'*habitativité*. Et, avouons-le aussi (la chose est peu
galante et indigne d'une plume française),
lady Morgan nous paraît douée de moins d'orgueil national que de vanité personnelle ; elle
parle avec plaisir des Irlandais ; mais il est,
dit un contemporain, une Irlandaise dont elle
parle surtout et partout avec enthousiasme; on
ajoute encore, par médisance sans doute, que
cette Irlandaise, c'est elle! Ainsi mis O'Halloran du roman *O' Donnell* et la séduisante lady
Clancare de *Florence Mac Carthy* ne seraient
autre chose que lady Morgan, peinte en pied
et considérablement embellie par l'auteur !

Quoi qu'il en soit, les gouaches de lady Morgan sont loin d'égaler les tableaux pleins de

----

(1) Pseudonyme de Sir Walter Scott.

vie et de chaleur de sir Walter Scott; et miss
O'Halloran est aussi loin de miss Rowena que
lady Clancare l'est de la belle Rebecca.

Les romans historiques de l'Irlandaise se
lisent, les histoires romanesques de l'Écossais
excitent l'enthousiasme. Pourquoi? Laissons à
M. Victor Hugo le soin de répondre :

« La raison en est simple, dit-il, lady Mor-
» gan a assez de tact pour observer ce qu'elle
» voit, assez de mémoire pour retenir ce
» qu'elle observe, et assez de finesse pour
» rapporter à propos ce qu'elle a retenu; sa
» science ne va pas plus loin. Voilà pourquoi
» ses caractères, bien tracés quelquefois, ne
» sont pas soutenus; à côté d'un trait dont la
» vérité vous frappe, parce qu'elle l'a copié
» sur la nature, vous en trouvez un autre
» choquant de fausseté, parce qu'elle l'invente.
» Walter Scott, au contraire, conçoit un ca-
» ractère après n'en avoir souvent observé
» qu'un trait; il le voit dans un mot et le peint
» de même; son excellent jugement fait qu'il
» ne s'égare point, et ce qu'il crée est presque

» toujours aussi vrai que ce qu'il observe.
» Quand le talent est poussé à ce point, il est
» plus que du talent; aussi peut-on réduire le
» parallèle en deux mots. Lady Morgan est
» une femme d'esprit; Walter Scott est un
» homme de génie. »

Voilà ce qui s'appelle trancher en maître
une difficulté, renvoyer les parties dos à dos,
jugées et contentes.

C'est une belle et noble figure que celle de
sir Walter Scott : elle annonce un esprit créateur, plein des grandes images qu'il a répan-
dues avec tant de profusion dans ses œuvres ;
c'est ce que nous découvrons dans le contour
du nez, et dans la lèvre supérieure qui est
suspendue sur celle d'en bas sans la toucher.
Toute la lèvre de dessus est aussi caractéris-
tique, aussi décisive que possible; elle indique
une application soutenue et un goût exquis.
La cavité entre le nez et le front renferme
autant d'expression poétique que l'arc du nez
fait pour les sensations délicates. Le front lui
seul est un trésor d'observations; enfin le men-

ton, avancé en saillie, imprime en quelque
sorte le sceau à l'ensemble de ce noble et
sérieux caractère, que soutenait un si grand
génie.

IV.

AFFECTIONIVITÉ.

———◦◦———

𝔐. 𝔈. 𝔏afitte.

O mes amis, il n'y a point d'amis !

ARISTOTE (1).

Cet organe, situé de chaque côté du crâne, à l'extérieur de la *Philogéniture* et de l'*Habitativité*, est plus développé chez les femmes que chez les hommes. Il produit la sociabilité, mais il ne détermine pas le choix des amis et de la société, ce choix dépend généralement des facultés qui l'accompagnent.

---

(1) Vita Aristotelis, lib. 5.

L'une des plus belles facultés de notre âme
est assurément l'Affectionivité ; nos sens n'ont
point part à ce sentiment, notre âme seule en
est affectée. L'Affectionivité est le lien des
cœurs *vertueux* et *sensibles*. Nous disons *sen-*
sibles, car on peut être bon et obligeant et ne
pas connaître les douceurs de l'Affectionivité;
nous disons *vertueux* parce que les méchans
ont des complices, les voluptueux des compagnons de débauche, les riches des courtisans,
les oisifs des liaisons, mais les cœurs vertueux
ont seuls des amis.

Il n'est point sans vertu de solide amitié (1)

Quoiqu'il ne soit pas nécessaire d'être supérieur aux autres hommes par son génie ou
par ses talens, pour connaître et goûter le
bonheur de l'Affectionivité, nous pensons,
avec Labruyère, qu'il faut cependant une
finesse de tact qui est incompatible avec la
médiocrité, car c'est l'élévation de l'esprit qui

---

(1) DE PAGEZ, *Délices de l'amitié.* VOLTAIRE a dit aussi, discours V :

Pour les cœurs corrompus l'amitié n'est point faite.

donne au sentiment cette fermeté et cet agré-
ment qui le rendent inaltérable, et, nous le répétons, si les qualités de l'esprit resserrent les
nœuds de l'Affectionivité et y répandent des
charmes, la vertu doit en être la base, puisque
c'est le goût de l'honnête et du beau ; c'est
l'amour de la vertu qui fait naître en nous le
besoin d'aimer, pour trouver dans un ami un
soutien contre nos propres faiblesses.

L'Affectionivité est fondée sur la sympathie
naturelle et sur le besoin que nous avons de
faire partager nos sensations pénibles ou agréa-
bles. Sans cette heureuse *passion* (1), aban-

---

(1) C'est, ce me semble, une erreur échappée à la plume de
madame de Staël, d'avoir dit que l'amitié n'est point une passion, puisqu'elle n'ôte point à l'homme l'empire de lui-même.
Elle s'est exprimée sur ce point autrement qu'elle ne sentait ;
car l'amitié, telle qu'on la voit se développer spontanément
dans le fond des cœurs, est une inspiration forte, entraînante,
irrésistible ; elle est le résultat d'une morale intérieure qui a son
code, ses maximes, ses devoirs ; c'est une faculté magnétique,
inséparable d'une volonté ferme, instituée par la nature pour
établir le commerce des âmes et pour embellir les destinées du
genre humain.
                            (J.-L. ALIBERT.)

donnés à nous-mêmes, errans sans cesse de
désirs en désirs, nous cherchons par un admirable instinct, un objet digne de notre attachement pour satisfaire ce besoin que nous
avons d'aimer.

Dans le monde on a tellement l'habitude de
se tromper réciproquement, qu'on ne craint
pas de porter la fourberie jusque sur les
choses les plus secrètes, et souvent l'Affectionivité n'a pas de retraite assez obscure
pour se dérober à la corruption générale. Il
existe des mensonges de convention sur cet objet comme sur tant d'autres, contre lesquels
les hommes, même les plus sensés, n'osent
point réclamer (1). Le sentiment de l'Affectio-

---

(1) Combien d'hyperboles, d'hypocrisie et d'impostures, au
vu et su de tous, de qui les donne, qui les reçoit et qui les
suit, tellement que c'est un marché et complot de se moquer,
mentir et piper les uns les autres, et faut que celui-là qui sait que
l'on lui ment impunément, dise grand merci; et celui-ci qui sait
que l'autre ne l'en croit pas, tienne bonne mine effrontée,
s'attendant et se guettant l'un l'autre qui commencera, qui finira,
bien que tous deux voudraient être retirés.

(CHARRON, de la Sagesse. liv. 1er.)

nivité n'a donc, trop souvent, parmi nous,
d'existence que dans nos discours ; le monde a
substitué à sa place cette politesse de convention, compagne inséparable de la perfidie.
La noble et rude franchise de nos pères, quelquefois grossière, mais toujours respectable,
est bannie de nos cœurs, et l'Affectionivité
n'est plus muette que pour quelques âmes
privilégiées.

Pour rendre cette réflexion plus sensible,
présentons en peu de mots le tableau abrégé
des différentes formes que l'art emprunte pour
favoriser nos passions, en les décorant du nom
d'Affectionivité qu'elles méritent si peu.

La crainte que les pères se croient obligés
d'inspirer à leurs enfans pour les contenir dans
le respect qui leur est dû, permet rarement à
ces derniers un sentiment assez tendre pour
pouvoir porter, à juste titre, le nom d'Affectionivité (1).

---

(1) Voir à ce sujet l'article Philogéniture.

Les grands-pères ne voient quelquefois dans leurs petits-enfans que de nouveaux objets sur lesquels ils pourront exercer encore ce pouvoir despotique dont ils ont été déchus depuis que l'âge en a fait secouer le joug à ceux qui leur devaient le jour.

Les enfans s'aiment entr'eux sans arrière-pensée, mais ils sont communément incon-stans; le peu de mérite ou de talent de ceux qui les élèvent s'oppose à l'Affectionivité qu'ils pourraient avoir pour leurs professeurs.

La *jalousie* éteint presque toujours l'Affec-tionivité entre frères et sœurs, et, lorsque l'intérêt s'en mêle il en fait des ennemis ir-réconciliables (·).

---

(1) Le nommé Joseph Lecorvoisier, laboureur, habitant le village de la Gommerais, commune de la Chapelle-Bouexic, avait un frère du nom de Jean, dont le domicile était à Carentoir (Morbihan), et avec lequel Joseph était en différent *pour affaires* d'intérêt. Jean arriva chez son frère vers le milieu de décembre dernier, dans l'intention, assure-t-on, de terminer a l'amiable la difficulté qui les divisait. Joseph n'ayant voulu consentir a

L'expérience nous a démontré que l'Affectionivité de parenté n'est qu'un mot eupho-

---

aucun arrangement, Jean dut se rendre à Guichen, ou menacer
d'y aller trouver un huissier; mais il revint bientôt au domicile
de Joseph, auquel il finit par annoncer qu'il allait se marier,
invitant son frère à en faire autant, et l'engageant à épouser la
sœur de sa fiancée, qui était, selon lui, un excellent parti.

Les deux frères paraissaient dans de meilleures dispositions,
mais bientôt Jean disparut; et Joseph, interrogé par les voisins,
sur cette disparution subite, répondit que son frère était allé à
Rennes pour se consulter; qu'il ne savait pourquoi il ne revenait
pas, etc.; mais il y avait quelque chose de si embarrassé dans
ses réponses que la rumeur publique l'accusa, et que la justice
s'en émut; des recherches actives eurent lieu, elles furent in-
fructueuses.

Cependant, le 16 ou le 17 de ce mois, des voisins de Joseph,
passant près d'un vieux four abandonné, assez peu éloigné de
sa demeure, remarquèrent que les pierres et les ronces qui en-
combraient l'entrée avaient été dérangées; une odeur infecte
s'en exhalait. Surpris et soupçonnant l'affreuse vérité, ils couru-
rent avertir la brigade de gendarmerie voisine, qui se hâta de
les suivre. On déblaie l'entrée du four rempli de pierres et de
terre nouvellement placées. Bientôt un spectacle hideux et dé-
chirant à la fois, vient frapper les regards des spectateurs : on
arrache des décombres un cadavre d'homme à moitié putréfié;
les bras, les jambes, sont séparés du tronc, au moyen d'un
instrument tranchant; des lambeaux de chair pendent de toutes

nique; celle des époux est peut-être la seule
vraie, et souvent encore!..... qu'est-ce que
l'Affectionivité des femmes pour les hommes

---

parts. Un frémissement d'horreur, un cri général d'accusation
s'élève contre Joseph, qu'on arrête à l'instant.

Bientôt prévenue de cette affreuse découverte, l'autorité judi-
ciaire arrive et commence l'information. Joseph ne cherche point
à nier son crime, il cherche seulement à en pallier la cause, en
affirmant que dans la soirée où l'on vit son frère avec lui, Jean
voulut lui asséner un coup de bâton qu'il parvint à esquiver;
qu'il riposta par un coup de hache qui lui donna le coup mortel, et qu'après l'avoir enterré d'abord dans son jardin, il s'était
décidé, dans le courant de la semaine dernière, à le déterrer,
à le mettre en pièces et à le transporter dans le four, présumant
que la gendarmerie, qui rôdait sans cesse dans les environs,
parviendrait moins vite à le découvrir en ce lieu. Ce misérable
employa trois voyages et une partie de la nuit à effectuer cet
affreux transport.

Rien ne saurait peindre l'espèce de stupidité féroce avec
laquelle Joseph Corvoisier avoue son crime et ses circonstances.
Quand on l'a conduit auprès des restes défigurés de sa victime :
Le b.... de c.... pue diantrement, s'est-il écrié en sentant les
murs du four. Conduit à Loheac, où il est arrivé au lever du
jour, il a réclamé une chopine de cidre, et en l'avalant : *à la
santé de Jean!* s'est-il exclamé.

Une personne qui l'a vu partir de Loheac, nous le peint comme

et celle de ces derniers pour elles? l'impulsion
des sens.

L'Affectionivité qui succède à l'amour est
vraie sans doute, mais son origine n'est pas
pure.

Celle des femmes entr'elles, est un phé-
nomène.

Celle des hommes entr'eux, n'est pas moins
rare.

La puissance est un obstacle presqu'invincible pour l'Affectionivité entre les supérieurs
et les inférieurs; nous disons presqu'invincible,
et pourtant la révolution nous a fourni de
grands actes de dévouement de la part des

---

un homme de 45 à 48 ans, aux cheveux noirs et fournis, au
visage sauvage, au regard sinistre, aux formes athlétiques. On
le dit allié à cette famille Oresve, du même pays, fameuse dans
nos fastes criminels par l'assassinat de Denier

(*Gazette des Tribunaux.*)

10

inférieurs envers les supérieurs : des domestiques se sont dévoués corps et âme pour leurs
maîtres ; mais il y a de cela quarante ans !

Les grands, occupés de leurs titres et de
leurs rubans, ne voient que des rivaux dans
ceux qu'ils nomment leurs amis.

Les gens du monde sont trop frivoles pour
connaître l'Affectionivité.

La bourgeoisie n'aime guère que par devoir.

Le peuple, plus affectueux, ne sent que sa
misère ; il n'a pas le temps d'aimer.

Les beaux esprits ne connaissent que la haine
et l'envie.

Les gens ordinaires, à la vérité, croient de
bonne foi sentir ce qu'ils ont entendu dire
qu'on sentait quand on aimait ; mais que sen-
tent-ils en effet ?

Les sots n'ont que de la prétention.

Les hommes qui vivent en communauté ne s'aiment que par nécessité (1).

Généralement les vieillards n'aiment qu'eux, et ne témoignent de l'affectionivité que pour exciter celle des autres.

L'Affectionivité qui nait de la reconnaissance est trop contraire à la plus forte de nos passions, l'*ingratitude*, pour être commune; il faut tant d'élévation dans l'âme pour aimer ceux à qui l'on doit quelque chose !

L'Affectionivité de convenance, besoin machinal que l'âme sent à peine, meurt par l'absence. (2)

L'Affectionivité de choix n'a que l'amour-propre pour objet.

---

(1) Lire à ce sujet, dans le premier volume du **Père Goriot**, *La Pension Bourgeoise*.

(2) Nous avons connu des employés qui, après avoir travaillé trente ans avec les mêmes collaborateurs, ont oublié, au bout d'une année de retraite, jusqu'à leurs noms.

Enfin celle que fait naître l'estime est trop sainte, trop respectable pour vouloir la proscrire; mais il faut bien l'avouer, sans attrait, elle devient froide et insipide.

Ce tableau véridique ne paraîtra à bien des gens que la critique amère d'un misanthrope chagrin qui répand sur tout ce qu'il touche le fiel dont il est abreuvé (1). C'est qu'en effet, jusqu'ici, nous n'avons trouvé de véritable amitié que dans notre intérieur. C'est que dans les premiers temps de la vie où l'Affectionivité est pleine d'abandon et de dévouement, généreuse et sublime, nous avons été trompé.

C'est qu'arrivé à l'âge où l'homme met dans ses liaisons la réserve d'une expérience péniblement acquise, après avoir long-temps souffert des souffrances de nos amis, pleuré, lors-

---

(1) Si nous n'avons pas donné à l'appui de chacune de nos assertions des exemples authentiques, comme nous l'avons fait pour l'amitié entre frères ou sœurs, c'est seulement par crainte de fatiguer nos lecteurs.

qu'ils pleuraient, nous nous sommes aperçu que nos amis ne nous donnaient en échange de notre dévouement que l'ombre de l'Affectio-nivité. Mais peut-être avons-nous dédaigné la véritable amitié pour nous jeter tête baissée dans les filets de sa caricature ?

En ces temps, enfance de la société, où l'empire des lois était sans force, l'Affectioni-vité a dû être un sentiment énergique : alors peut-être on pouvait compter sur l'amitié ; aujourd'hui :

> Chacun se dit ami, mais fou qui s'y repose ;
> Rien n'est plus commun que le nom,
> Rien n'est plus rare que la chose (1).

Le Français, toujours ami de la gloire, en a mis au bonheur d'aimer : dire qu'on aime, qu'on est capable de dévouement, c'est faire l'éloge de son cœur ; non seulement il est permis, mais il est beau de se vanter sur cet

---

(1) LAFONTAINE, Fab. 7, Lib. IV.

article. C'est parfois un moyen d'attirer sur soi les yeux du public, et il est dans Paris bien des hommes qui usent d'une pareille ressource pour n'être pas ignorés.

Souvent le nom d'ami cache le cœur d'un traître. (1)

Mais ce n'est point l'histoire des souffrances et des déceptions que nous avons éprouvées qu'il importe d'analyser, après avoir souillé notre plume par l'esquisse imparfaite des faiblesses et des passions que le monde décore du nom d'Affectionivité, pour faire impunément respecter jusqu'à ses vices. Avouons qu'au fond de l'âme nous plaignons ceux qui ne comprennent pas, et ceux qui n'ont point éprouvé les souffrances, les illusions et l'enthousiasme irrésistible de l'Affectionivité; ô qu'il y a encore de bonheur dans les regrets d'une amitié déçue!

Convenons aussi, tout en reconnaissant que presque toutes les amitiés ne sont fondées que

---

(1) Du Belloy, *Titus*.

sur les passions, qu'il en est une qui ne participe
en rien des faiblesses qui dégradent l'homme ;
qu'elle élève notre âme au-dessus d'elle-même,
et nous rend à la félicité dont elle nous fait
jouir. Cette amitié si rare et seule digne d'en
porter le nom, qui embellit tout ce qui nous
environne (1), n'est point l'effet de l'estime, ni
même de la réflexion. Elle ne combine pas, elle
entraîne ; deux cœurs faits pour être unis se
trouvent liés par un attrait invincible dont ils
ne démêlent pas eux-mêmes le principe. Ils
sentent qu'ils sont nécessaires l'un à l'autre, (2)
que leur bonheur ou leur malheur réciproque
est inséparable ; en un mot, ils sentent qu'ils
s'aiment ; tout le leur dit, ils n'en cherchent
point la cause ; la jouissance de leur bonheur
leur tient lieu de tout : en voulant l'analyser
ils ne feraient que l'affaiblir (3).

C'est cet attrait inexplicable qui faisait

---

(1) Lacépède, *Poëtique de la musique.*

(2) Platon.

(3) Montaigne, Liv. I, Chap. 27.

dire à Montaigne, quand on lui deman-
dait pourquoi il avait tant aimé la Boë-
tie : C'est parce que c'était lui, c'est parce
que c'était moi (1). Réponse sublime dictée
par le sentiment même, et seule capable d'exprimer celui qui l'unissait à son ami. Quels
termes en effet pourrait-on employer qui ren-
dissent mieux cette amitié d'instinct qui de
deux âmes n'en fait plus qu'une dès que le
goût les a jointes ?

Tout est et doit être commun entre deux
amis (2), l'activité réciproque de leurs sentimens ne laisse jamais de vide dans leur cœur ;
les témoignages d'affection qu'ils se donnent
mutuellement, sont d'autant plus vrais et plus
tendres qu'ils n'attendent d'autres récompenses
que celle d'aimer et d'être aimés. Ils n'ont pas
besoin d'avoir recours, aux paroles toujours
inférieures à ce qu'elles veulent exprimer,

---

(1) Essais de Montaigne, de l'Amitié, liv. 1, chap. 27.

(2) La Bruyère.

quand on aime véritablement ; le langage du cœur, cent fois plus énergique, méprise ces expressions vulgaires qui n'ont de force que lorsqu'elles sont les interprètes de sentimens faibles. Sans se parler, on se dit qu'on s'aime ; sans se voir, on se le dit encore : la seule existence en est la preuve.

Que je hais entre amis ces protestations,
   Cette impétueuse caresse,
   Ces bruyans transports de tendresse,
Ces élans, ces baisers et ces contorsions !
   Lorsqu'un événement funeste
   Livre notre âme à la douleur,
   Pour nous marquer sa vive ardeur,
   Le bon ami ne fait qu'un geste
   Qui part de la bourse et du cœur. (1)

Si l'on rencontre dans le monde beaucoup de visages qui n'invitent pas à l'amitié et qui semblent aussi peu faits pour exprimer ce sentiment que pour l'inspirer, il s'en trouve d'autres, au contraire, qui portent un carac-

---

(1) Pannard.

tère d'honnèteté, de candeur et d'affectionivité, auquel on ne peut refuser sa confiance,
M. J. Lafitte est de ce nombre.

M. J. Lafitte est doué d'une de ces physionomies rares dont l'expression n'est bien comprise
que d'un petit nombre de personnes. L'observateur judicieux peut y lire sans effort les signes
caractéristiques suivans : Capacité, *Affectionivité dominant tout, même la prudence* ; force
d'esprit, bienveillance inaccessible à l'envie et
supérieure aux revers. Le physionomiste re-
connaîtra dans les traits principaux et dans
l'ensemble du visage, l'homme qui partage la
félicité comme l'infortune, et pour qui les
sacrifices ne coûtent rien quand il s'agit de
l'élévation et du bonheur de l'objet aimé.

Qui que vous soyez, sachez qu'il ne faut
point, comme Mallebranche, analyser l'Affectionivité, parce que si vous disséquez morale-
ment le meilleur ami qui soit au monde, vous
serez presque toujours réduit à un résultat
qui vous fera douter de sa sincérité, si Dieu
vous a donné un ami vertueux, affable, com-

plaisant et généreux, aimez-le aveuglément,
sans jamais chercher les motifs de son affection, cette imprudente recherche vous con-
duirait infailliblement au scepticisme, et *l'Affectionivité*, comme la religion, n'est une
source de bonheur et de consolations que pour
celui qui y croit fermement.

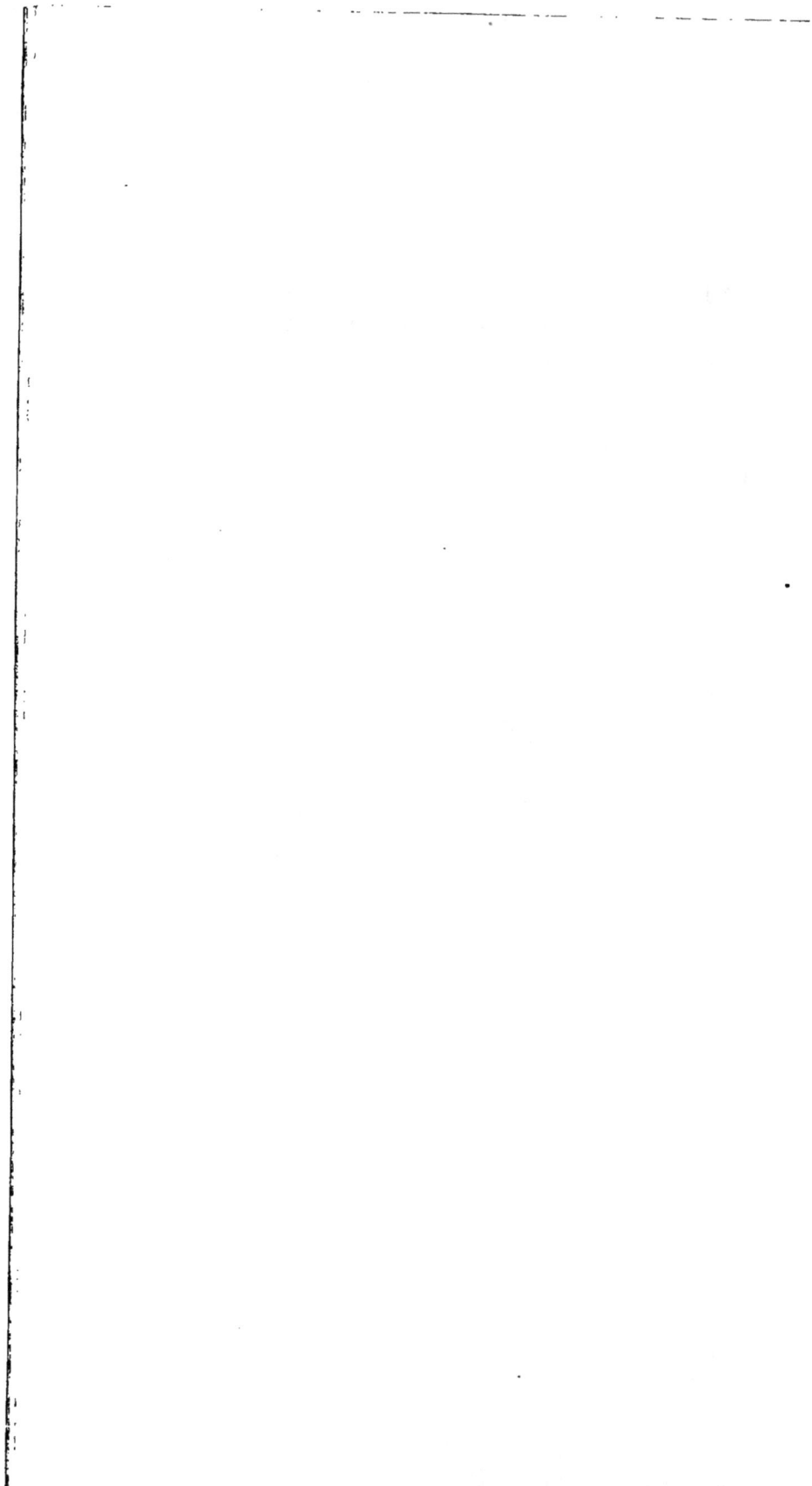

V.

COMBATIVITÉ.

Le Général Lamarque.

A moi! Auvergne, ce sont les ennemis !

Le chev. d'Assas (15 octobre 1760).

Cet organe est situé à l'angle postérieur inférieur de l'os pariétal, au niveau du bord supérieur de l'oreille. On croit d'ordinaire que le courage est la conséquence de la force musculaire, et c'est à tort, nous avons vu beaucoup d'hommes faibles et bienveillans doués d'un courage invincible, et nous rencontrons tous les jours des hommes d'une force colossale qui sont en même-temps d'une poltronnerie plus qu'exemplaire.

Gall avait parfois une singulière façon d'étudier les hommes ; à Vienne, par exemple, pour reconnaître l'organe de la combativité, il rassemblait les gamins qui jouaient dans les rues, puis, après avoir adroitement soufflé la discorde parmi ces héros en herbe, il les mettait aux prises, les excitant comme on excite les jeunes dogues,

> . . . . . aux âmes bien nées
> La valeur n'attend pas le nombre des années.

aussitôt la bataille commençait.

Les courageux battaient les pacifiques, qui faisaient prudemment retraite. Gall remarquait toujours chez les vainqueurs que la partie de la tête qui correspond à l'angle mastoïdien des os pariétaux, était saillante ; quant aux pacifiques, tout était plat. Nous avons nous-même vérifié l'activité de ce fait chez de braves officiers, ainsi que chez quelques paysans qui ne rêvent que plaies et bosses, et dont le plus grand plaisir est de se faire craindre de leurs voisins.

Nous vivons en un temps d'effervescence où le courage militaire ou le courage civil est une vertu indispensable à l'homme et à la société.

Malheur à celui qui ne sait pas défendre sa famille, son bien, sa patrie, son honneur; malheur au lâche qui ne sait pas faire respecter les lois de son pays, malheur enfin à celui qui s'abandonne dans une société ainsi mêlée d'élémens divers.

Le courage n'est pas seulement la faculté de vaincre le sentiment de la peur, ce trouble de l'âme à l'aspect de quelque péril fictif ou inévitable, il existe deux sortes de courages principaux : le courage militaire et le courage civil. Intrépide, le général Lamarque va au devant de la mitraille accomplir un simple devoir de soldat ; c'est d'un grand cœur! Mais le chancelier de l'Hopital ou le président Mathieu Molé opposent le plus noble sang-froid aux vociférations d'un peuple en délire. Voilà suivant nous, le vrai courage et le plus difficile de tous.

On ne saurait le nier, le courage civil est le plus rare, et le plus utile des courages, c'est le courage à son plus haut degré de sang-froid et d'intelligence.

Quand on cite les grands noms des l'Hopital, des Harlay, des de Thou, des Mathieu Molé, des d'Aguesseau, des Malesherbes, des Boissy d'Anglas, on a tout dit, car nous sommes loin, bien loin de la chaleur et de l'énergie de ces hommes à jamais illustres. Bien plus, c'est à peine si nous osons prononcer ces grands noms.

Toutefois rendons à Boissy-d'Anglas ce qui est à Boissy-d'Anglas, mais aussi rendons à César ce qui est à César. La France peut à bon droit être fière de ses guerriers, car elle a une noble part pour la guerre. La gloire est un des plus beaux produits de notre sol, n'y portons pas une main téméraire. Ne soyons pas moins fiers du grand Condé et de Turenne que de Sully et du chancelier de l'Hopital.

Les temps de trouble et de discorde, qui semblent menacer les états d'une ruine cer-

taine, ont du moins cet avantage qu'ils pressent
tous les ressorts intellectuels des hommes, et
les font se déployer avec toute leur énergie.
C'est peut-être l'une des causes les plus vraies
de ces siècles brillans qui étonnent la terre
par leur prodigieuse fécondité, et qui arrivent
toujours après des temps qui l'ont glacée de
terreur.

C'est dans les grands périls qu'éclate un grand courage: (1)

Enfant de la révolution, capitaine dans
l'une des quatorze armées de la république,
ayant bien mérité deux fois de la patrie, *Lamarque*, fils d'un député à la Convention na-
tionale, était un de ces hommes d'élite chez
qui l'intelligence égale la valeur : aussi recon-
naîtra-t-on facilement dans la forme de son
visage, dans le contour des parties et le rapport
qu'elles ont entr'elles, l'homme supérieur né
pour conquérir. Le seul contour du front,
depuis la pointe des cheveux jusqu'à l'angle,

---

(1) Regnard, le Légataire.

11

au-dessus de l'œil gauche, cette légère émi-
nence qui se trouve au milieu du front, sans
parler de l'oreille, ce nez, considéré séparé-
ment d'abord, puis dans sa liaison avec le
front, n'annoncent-ils pas le courage civil et
militaire, la résolution et la dignité naturelle
du patriote mort Waterloo sur le cœur, enfin
le soldat qui disait : « Vienne la guerre, et je
me mesurerai avec Wellington ! J'ai étudié sa
manière, je le battrai ! » C'était l'idée fixe
du brave général !

VI.

DESTRUCTIVITÉ.

———o———

Le B. Dupuytren.

Tu ne tueras pas !

Situé sur le côté de la tête, immédiatement au-dessus des oreilles, à l'endroit qui correspond à l'os temporal, cet instinct porte à la destruction en général, sans spécifier l'objet ni la manière de détruire. L'action déterminée dépend entièrement des circonstances extérieures de celui qui agit.

L'instinct de la Destructivité présente plusieurs degrés depuis la simple indifférence à voir souffrir les animaux, jusqu'au désir de tuer. On observe l'instinct de la destructivité chez les enfans comme chez les adultes, chez l'homme du peuple et chez le dandy, on le retrouve encore chez les idiots.

Une sensibilité inqualifiable porte certains hommes à nier et à rejeter comme immorales l'existence et la puissance de ce penchant. « Cet instinct de destruction n'existe pas, disent-ils, c'est encore un de vos paradoxes! Pourquoi donc nier avec tant d'obstination ce qui n'est malheureusement que trop bien établi; comment, je vous prie, juger sainement des phénomènes de la nature, si l'on n'a pas le courage de les avouer?

Le penchant à la Destructivité existe puisqu'il y a des individus qui, à l'exemple du baron Dupuytren, choisissent leur profession d'après cette inclination. S'il fallait une seconde preuve de l'éxistence et de la puissance de ce penchant, nous la trouverions dans l'impression que produit l'horrible guillotine sur les spectateurs. Les uns tremblent ou s'évanouissent à sa vue, d'autres, au contraire, alléchés par le sang, la recherchent avidement.

Si l'organe de la Destructivité n'existe que dans l'imagination malade des phrénologistes, pourquoi, alors, ces combats de coqs en Amérique, ces boxeurs en Angleterre, ces toréadors en Espagne? Pourquoi existe-t-il une ignoble arène entre la barrière de la petite Villette et celle de la Chopinette? Est-ce que, par hazard, elle aurait été construite pour le plaisir et la plus grande gloire des chiens, des vaches et des ânes étiques qui s'y déchirent? Non pas; car toutes les fois qu'un grand combat doit avoir lieu, on y voit accourir à pied et en voiture, une foule nombreuse. Ces jours-là l'enceinte réservée aux spectateurs peut à peine contenir tous ceux qui sont amenés par l'instinct·de la Destructivité, ou, si le mot parait trop rude à quelques-uns de nos lecteurs, par le besoin d'émotions fortes et hors nature.

Si, attiré par le bruit des fanfares, vous vous arrêtez un instant au dehors, vous entendez des cris de joie et des applaudissemens au dedans, alors vous pouvez vous écrier avec Hamlet : *Horrible! horrible!* car dans ce bouge sanglant, l'horrible seul excite la joie et ses trépignemens.

Les hommes assistent en grand nombre à cet infâme spectacle, mais les femmes n'y manquent pas non plus ; n'allez pas croire qu'elles appartiennent aux dernières classes de la société, non ; on rencontre à cette école du meurtre, d'élégantes et nobles dames, et, ce qu'il y a de bien affligeant, on y voit aussi de jeunes enfans. D'abord on les plaint, et en effet est-ce la faute de ces petits êtres si un père brutal ou une mère stupide les a traînés à cet ignoble spectacle? Mais on éprouve bientôt un sentiment douloureux lorsqu'on voit ces enfans si blonds, si frais, prêter une attention soutenue au drame affreux qui se joue devant leurs yeux; on frémit d'épouvante, en les voyant calmes et assurés se hisser sur leur banquette pour dominer les spectateurs qui gênent leur vue, et aussi pour mieux voir le sang qui coule, les chairs qui pendent et qui palpitent, les blessés qui hurlent et les mourans qui râlent. Alors, la pitié n'est plus pour eux; la beauté de leurs cheveux chatoyans, le velouté de leur œil bleu, tout cela disparait; la pitié est acquise toute entière à ces pauvres animaux que l'on immole ainsi aux plaisirs dégoûtans et sanguinaires d'une foule brutale. Puis on se demande que deviendront ces enfans? Ce qu'ils deviendront? La chose est facile à prédire, ils finiront, comme finissent ceux qui jouent avec le sang, comme finissent les coupe-jarrets et les parricides !

Un historien raconte qu'un jour La Condamine, ce savant aimable, dont les découvertes ont hâté les progrès des sciences et qui sut en parsemer de fleurs les parties les plus arides, La Condamine faisant des efforts inouis pour percer la foule rassemblée sur la place des exécutions et les soldats l'ayant repoussé en arrière, le bourreau leur dit : laissez avancer Monsieur, c'est un amateur? Ce mot du bourreau est mille fois plus flétrissant que son fer rouge ; mais

Quel homme est sans erreur, et quel roi sans faiblesse ?

La Gazette des tribunaux, ce vaste recueil
des misères humaines, contient tous les jours
le détail de crimes barbares (1) avec des circonstances si révoltantes, qu'il faut bien croire
que ce penchant est inné en nous et qu'il se mo-
difie ou s'exalte suivant l'éducation ou la di-

---

(1) La ville d'Eymet (Dordogne) vient d'être épouvantée par
l'exécution d'un crime sans exemple peut-être dans ces paisibles
contrées.

Mercredi dernier, à 4 heures du soir, M. Miquel père, médecin
au Cause, commune d'Agonal, limitrophe de celle d'Eymet, a
été tué d'un coup de feu, par son fils aîné, âgé seulement de 21
ans. Les antécédens de ce parricide sont affreux. Déjà, depuis
long-temps, des actes d'une froide et inconcevable cruauté,
commis sur des animaux, le signalaient a l'animadversion publique; ses inclinations féroces prenaient de jour en jour un
développement plus rapide. Son jeune frère lui-même n'avait pas
été à l'abri de ses tentatives d'assassinat. Enfin, pour comble
d'horreur, il vient de donner la mort à son père, et la procé-
dure établira, dit-on, que deux jours auparavant il avait voulu
l'empoisonner. Il a quitté le pays, et, nous avons honte de le
dire, dans sa fuite encore, il a trouvé dans Eymet un conseil et
un guide! Nous espérons que la justice saura retrouver ses traces.

Gazette des Tribunaux

Voir l'article Phylogéniture, page 115.

rection donnée au sujet. Guillaume Dupuytren est une preuve de ce principe. Nul ne fut plus doué de l'organe de la Destructivité (*nous en exceptons toutefois le célèbre docteur Roux*); mais en homme de génie, qu'il était, il fit tourner au profit du plus difficile des arts cette *bosse du meurtre* qui aurait fait de tout autre un scélérat insigne.

Le baron Dupuytren, comme nous le disions tout à l'heure, possédait un assez grand développement de l'organe dont nous traitons, aussi était-il l'homme des douleurs et des amputations.

C'est à coup sûr une grande et irréparable perte que la science vient de faire dans la personne du baron Dupuytren, ce génie tout chirurgical est mort trop tôt pour les progrès de l'art qu'il professait et pratiquait avec tant de zèle et d'éclat; on trouvera difficilement un jugement plus sain et plus prompt, un esprit plus vif et plus pénétrant, un zèle et une persévérance plus infatigables, autant d'éloquence et un entendement plus lumineux !

Jamais les élèves qui l'ont vu et entendu n'oublieront la puissance de son regard noble, fier, altier même; son front imposant et la merveilleuse facilité de sa parole.

Cet homme illustre a passé sa vie dans le travail, dans l'insomnie et dans le sang. Chaque fleuron de sa couronne triomphale est un membre coupé; des douleurs maîtrisées, des hommes sauvés de la honte ou arrachés à la mort, voilà ses titres à la gloire. « Toute dou-
» leur s'est abaissée sous ses mains puissantes,
» tout mal caché s'est dévoilé à son regard.
» Son oreille a entendu bien des gémissemens
» que nulle autre oreille n'a entendus; tel était
» cet homme, une des gloires les plus incon-
» testables, et peut-être la gloire la plus utile
» de notre pays. »

Le pauvre enfant de Pierre Buffière, n'obéissant qu'à son organisation, n'eût été qu'un dangereux vaurien; le hasard, *l'éducation et une volonté ferme* ont fait de l'enfant, devenu homme, un des plus habiles professeurs de l'École de médecine, chirurgien en chef de

l'Hôtel-Dieu, membre de l'Académie de médecine, de l'Institut, un des barons les plus
riches, les plus considérés et les plus consi-
dérables de France.

Honneur à ceux qui commandent ainsi à la
nature et qui usent, pour leur gloire et pour
celle de la patrie, de ce grand présent que
Dieu fait à tout homme qui vient au monde.
— La liberté, c'est-à-dire la volonté!

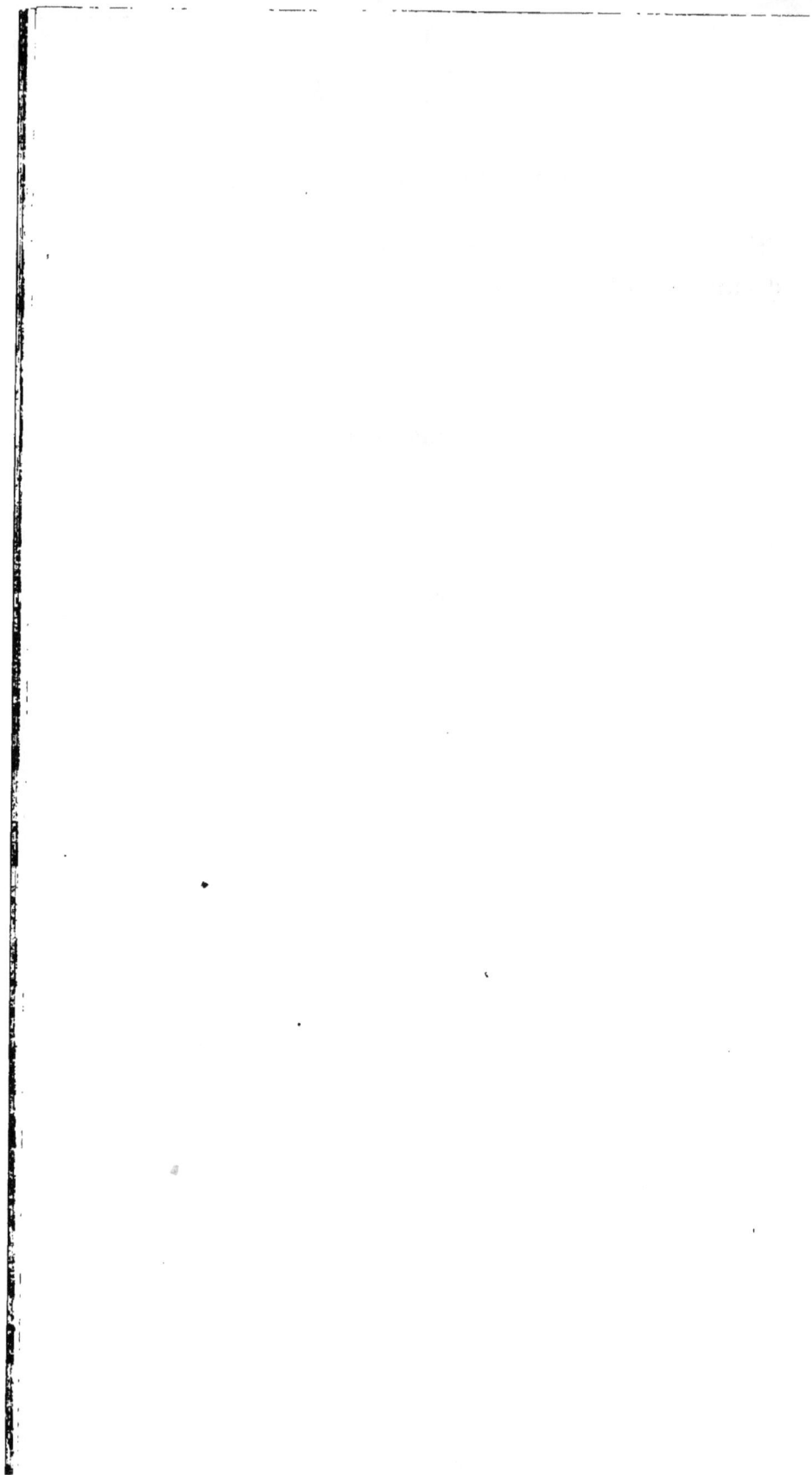

VII.

SECRÉTIVITÉ.

M. le Prince de Talleyrand Périgord.

L'air candide de cette belle tête chauve et
blanchie de lord Grey , contrastait avec l'im-
passibilité fine et pénétrante du prince de
Talleyrand.

Revue des deux Mondes.

L'organe de la Secrétivité, situé au-dessus
de celui de la Destructivité, élargit latéralement la tête, lorsqu'il est très-développé. La
Secrétivité est du domaine de tous; grands
et petits, abbés ou soldats, riches et gueux,
forts ou faibles, nous possédons plus ou
moins ce penchant qui joue un grand rôle

dans la politique et dans la société. Le bon
docteur Gall reconnut, pour la première fois,
cet organe, chez un homme qui, ayant plus
de dettes sur le corps *que de cheveux sur la
tête*, se conduisit d'une manière si adroite et
si discrète que chacun de ses nombreux créan-
ciers se crut long-temps seul privilégié.

La Secrétivité se décèle de mille manières,
le procureur du Roi plaide le faux pour savoir
le vrai; les dévotes exagèrent charitablement
le bien pour connaître le mal, ou donnent
des vertus supposées à l'ennemi auquel elles
croient des défauts cachés qu'elles veulent connaître.

Ce penchant, très-louable dans sa nature,
peut être mal employé; s'il n'est pas dirigé ou
modifié par des sentimens supérieurs, il produit l'hypocrisie, le mensonge, le subterfuge,
etc. Il est, dans ce cas, à en croire Charron,
une vertu politique indispensable à ceux qui
se destinent au grand art de gouverner l'espèce
humaine. « La dissimulation qui est vicieuse
» aux particuliers est très-nécessaire aux

» princes ; lesquels ne sauraient autrement ré-
» gner, ni bien commander, et faut qu'ils se
» feignent non seulement en guerre aux étran-
» gers et ennemis, mais encore en paix et à
» leurs subjects. Les *simples* et les *ouverts* qui
» portent, comme on dit, le cœur au front,
» ne sont aucunement propres à ce métier. »

Il est presqu'inutile de dire que la politique
des salons et la politique des gouvernemens
doivent leur existence à l'Italie. Ce fut au sein
de la guerre que l'Italie posa les fondemens de
la politique gouvernementale. Ingénieux, sou-
ples, flatteurs, insinuans, les Italiens, plus
poètes que belliqueux, las des dissentions et
des guerres qui, depuis long-temps, rava-
geaient leur belle contrée, craignant aussi la
domination des maîtres étrangers, adoptèrent
la politique des Grecs, qu'ils modifièrent par
toutes les ressources d'un génie inventif.

C'est à l'Italie qu'on doit l'usage des ambas-
sades, à l'aide desquelles elle imagina et établit une espèce d'équilibre entre toutes les
puissances ; équilibre qu'elle sut adroitement

maintenir par toutes les souplesses de l'art des
négociations ; mais bientôt les diplomates Italiens outrèrent cet art, et, à force de le voiler
sous un extérieur agréable, ils finirent par
faire d'une politique sage *une vertu* purement
grimacière, un art très-incertain et la plus
équivoque de toutes les ressources. En effet la
politique gouvernementale, qu'un auteur célèbre appelle *l'art de se taire*, est plutôt l'art
de tromper, *ars fallendi, potiùs quam regendi*.

Fille de l'Intérêt et de l'Ambition,
Dont naquirent la fraude et la séduction ;
Ce monstre ingénieux, en détours si fertile,
Accablé de soucis paraît simple et tranquille :
Ses yeux creux et perçans, ennemis du repos,
Jamais du doux sommeil n'ont senti les pavots.
Par ses déguisemens à toute heure elle abuse
Les regards éblouis de l'Europe confuse.
Le mensonge subtil, qui conduit ses discours,
De la vérité même empruntant le secours.
Du sceau du Dieu vivant empreint ses impostures,
Et fait servir le ciel à venger ses injures.

L'histoire nous apprend que ce furent les
ruses italiennes, nous voulons dire la politique
italienne, qui corrompirent la franchise espa-

gnole, la générosité de quelques souverains
de la maison d'Autriche, les règnes malheureux de François II, de Charles IX, et les trop
mémorables minorités de Louis XIII et de
Louis XIV.

Il est une autre politique dont nous ne parlerons pas, qui dérive de la politique des
hommes d'Etat, et nous vient, comme elle,
des Italiens; pour celle-là on ne trouve nulle
part son apologie, c'est que rien ne peut l'excuser. Cette politique, d'un usage journalier
et fort répandue parmi les gens du monde,
consiste dans l'art de nuire adroitement, c'est
la science de donner à son visage un masque
de douceur et d'affection, c'est, en un mot, la
politique des lâches; la politique des salons!

M. le prince de Talleyrand, ce grand homme
d'affaires, qui a eu autant d'esprit que Voltaire, avec cette différence qu'il a été un homme
d'action et qu'il s'est attaché au fait avant tout,
est certainement le plus beau modèle qui se
puisse jamais rencontrer de cette prudence
générale et particulière qui dicte les grands

12

traités et qui fonde les grandes fortunes.
Quelle vie fut jamais plus remplie que cette
vie! Quelle habileté fut jamais plus grande! Il a
présidé à toutes les révolutions de cette époque
si féconde en révolutions. Il a vu tous les rois
passer, tous les principes s'entre-détruire,
pendant que lui seul il restait debout. Il a plus
fait par sa prudence et par son talent que les
autres avec leur fortune, leurs armées et leur
bon droit. Il a été le défenseur de tous, le pro-
tecteur des rois légitimes. Il est venu au secours de la révolution de juillet qui avait perdu
la voie. Il a arrêté l'ennemi quand l'ennemi
allait trop loin. Il a été de sang-froid quand
toute l'Europe était soulevée et tremblante. Il
a rassuré la France quand la France se croyait
perdue. Il a été l'homme le plus intelligent, et
par conséquent, l'homme le plus utile de son
temps; en un mot, il a prouvé que si la foi
sauve les hommes, c'est l'esprit, la persévérance et l'intelligence qui sauvent la société.

Policy goes beyond strength (1).

---

(1) L'adresse surmonte la force.

A l'aspect de cette tête au crâne si prononcé, aux traits si fins, à la physionomie si régulière, à l'aspect de cet homme qui fait si peu de bruit quand il marche et si peu de bruit quand il parle, ne diriez-vous pas que les lois de la nature sont changées, qu'il ne s'agit plus ici d'une intelligence servie par des organes, mais bien d'une intelligence qui absorbe le corps et qui l'anéantit.

Il y a là toute la pensée du plus grand politique des temps modernes, c'est-à-dire tout un silence, tout son dédain pour tout ce qui n'est pas lui : lui Charles Maurice de Talleyrand-Périgord, prince de Bénévent !

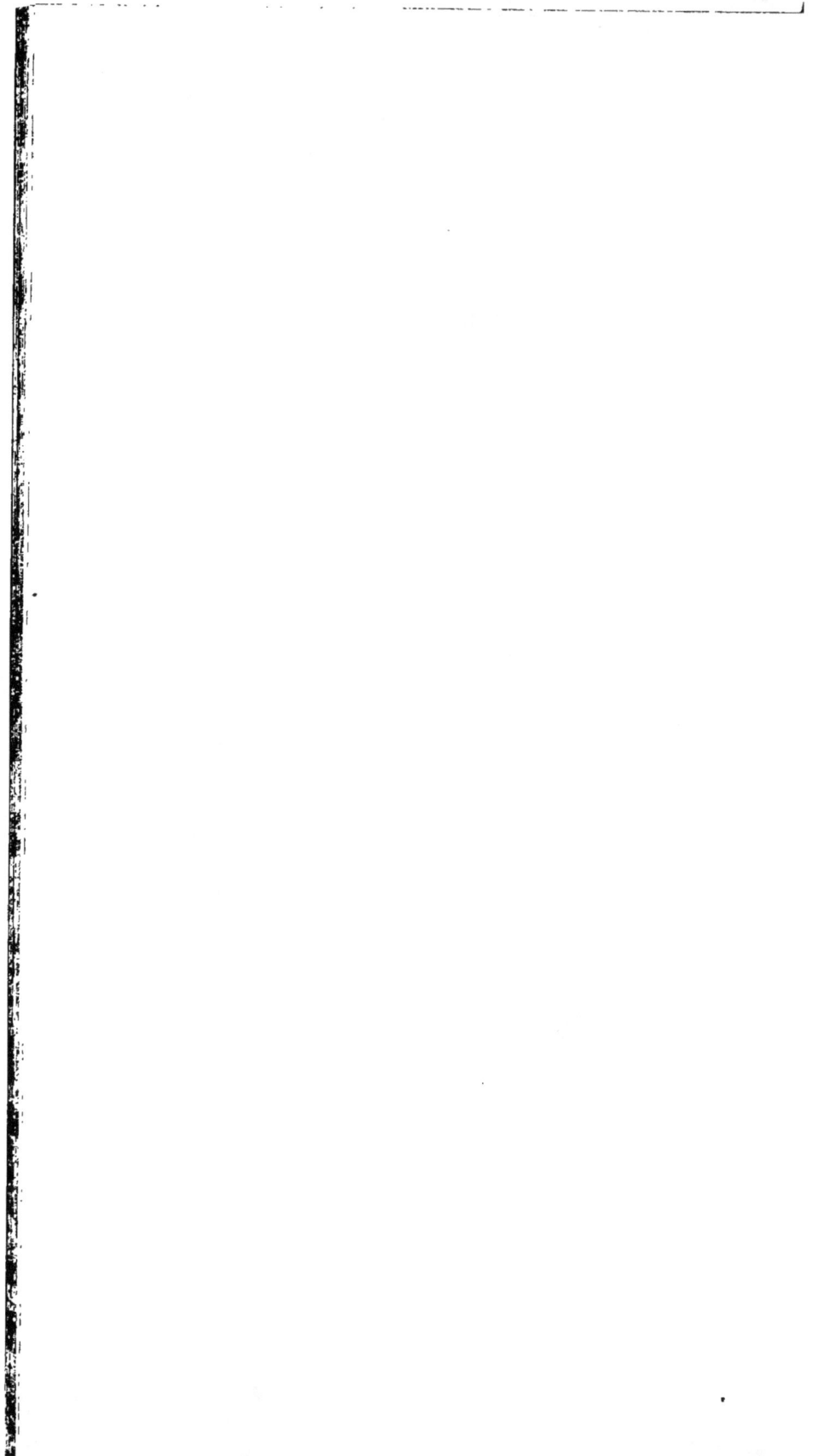

VIII.

ACQUISIVITÉ.

───◦◦◦───

Paganini.

At mihi plaudo
Ipse domi simul ac nummos contemplor in arcâ.

HORACE.

Cet organe, qui aboutit à l'angle antérieur
inférieur des os pariétaux, ne détermine pas
les objets qu'on désire, il donne seulement le
désir d'acquérir; le choix des objets qu'on ac-
quiert et qu'on amasse, et la manière de le
faire dépendent des circonstances extérieures,

où l'on est placé et de la combinaison des facultés dont on est doué.

L'Acquisivité, moyennement active, est l'âme du commerce, l'homme chez qui cet organe est trop peu développé, et celui chez lequel il l'est trop, sont également à plaindre, car l'un peut être prodigue et l'autre, grand Dieu, peut être avare (1).

---

(1) Nous n'admettons aucune faculté mauvaise en elle-même, et cependant nous pensons avec Gall et Spurzheim que lorsque ce penchant et son organe respectif dominent les autres facultés, *il contribue à produire le vol;* comment expliquer autrement sa présence et son activité chez les idiots et les aliénés.

Quelques publicistes, aux intentions desquels nous aimons d'ailleurs à rendre hommage, prétendent établir qu'il n'y a pas de penchant naturel au vol, et conséquemment pas d'organe de cette espèce, parce que le *vol* suppose la propriété et que la propriété est le résultat de la législation.

Quoique logique en apparence, cette objection n'est pas admissible : pour établir que le sentiment de la propriété ou du mien n'existe pas dans la nature, il faudrait n'avoir jamais observé les mœurs et les habitudes des enfans; bien plus, il faudrait préalablement biffer ligne à ligne, feuille à feuille la zoologie de Buffon, puisque cette œuvre grandiose, d'accord avec la nature, prouve, à peu d'exceptions près, que la plupart des *actions*

L'Avarice et l'Égoïsme naissent de *l'amour excessif de la vie*, c'est-à-dire que la personnalité domine également dans ces deux passions.

---

des animaux portent le cachet du sentiment du *mien*, inhérén à leur nature, par conséquent bien antérieur à la législation des hommes ! Ne pensera-t-on pas avec nous que celle-ci semble plutôt avoir été provoquée par le sentiment de la propriété, que ce sentiment ne l'a été par la loi ?

Chez les animaux, la propriété est déterminée par le droit du plus fort ; l'homme, le seul être doué de sentimens moraux, a compris la nécessité de fixer les conditions auxquelles la propriété doit être reconnue ; alors, mais alors seulement, il a senti le besoin d'en assurer la conservation et de la mettre sous la protection des lois.

On a aussi objecté qu'il était immoral et dangereux d'admettre un organe du *vol*, parce que ce serait le légitimer ; cette nouvelle objection partagera le sort de la première, ouvrez Gall et Spurzheim, consultez M. le professeur Dumoutier et tous les hommes qui s'occupent sérieusement de phrénologie, tous vous diront, avec nous, que l'homme libre, dans l'état parfait de santé doit toujours être responsable des désordres qui résultent de l'abus de ses facultés, ils vous diront encore, que chez l'homme, dans les conditions sus-énoncées, l'action des penchans n'exclut pas celle des sentimens moraux et de l'intelligence, dont le but est de mettre un frein à l'activité excessive de ces mêmes penchans.

L'Avarice n'est d'abord qu'une prévoyance exagérée pour parer à des malheurs, à des pertes ou à des maladies qui pourraient survenir, puis c'est le besoin de se ménager des ressources pour la vieillesse; nous applaudirions de grand cœur à une prévoyance aussi sage et des plus naturelles, si l'avare ne s'en servait comme d'un bouclier à l'abri duquel il commet ces petitesses et ces ladreries qui le conduisent droit à ce faux raisonnement qui fait dire à certain poëte :

A l'Avare, il peint l'opulence,
Comme le seul suprême bien,
Et dans le sein de l'abondance,
Par la frayeur de l'indigence,
Il le réduit à n'avoir rien.

En effet, si le pauvre manque de beaucoup de choses, l'avare manque de tout.

Parmi cent exemples tragiques qui attestent des suites funestes de cette passion, nous ne citerons que le trait suivant, qui est fort con-

nu et qui a été reproduit, avec une grande
vérité, par la peinture (1).

Un riche et vieil avare avait fait pratiquer
dans un coin de sa cave un réduit impéné-
trable, connu de lui seul, et que lui seul pouvait ouvrir; là étaient ses coffres, c'est-à-dire
son culte, sa vie, son âme, il y passait furti-
vement des journées entières, contemplant,
comptant, recomptant son numéraire, calcu-
lant avec une joie frénétiqne ce que produi-
raient en dix ans les intérêts des intérêts de ce
trésor sûrement placé. Jouissance inéffable in-
connue à la jeunesse, et que peut seule comprendre l'âme d'un avare; mais le sage et bon
Lafontaine a dit:

> L'avare rarement finit ses jours sans pleurs;
> Il a le moins de part aux trésors qu'il enserre,
>   Thésaurisant pour les voleurs,
>   Pour ses parens ou pour la terre.

---

(1) Le tableau qui retrace ce fait appartient au musée du
Luxembourg.

Un jour que, suivant sa coutume, il était entré précipitamment dans sa cellule pour fêter, peser et caresser l'âme de son âme, son or; pendant qu'il s'occupait à compter, la trappe entrebaillée se ferma ; le contre-poids était tombé en dehors, et le secret de cette riche oubliette, toute de fer, ne devait plus s'ouvrir! Vous savez tous les efforts inouis qu'on doit attendre de l'instinct de la conservation, après avoir longuement fait retentir les voûtes silencieuses de son tombeau, de hurlemens et de cris de rage, après une lente et terrible agonie, l'avare mourut en avare, la face sur ce tas d'or qu'il avait tant aimé!

Tous les philosophes, Voltaire (1) excepté, nous ont présenté l'avarice comme le premier germe de tous les mauvais penchans dans l'homme: ils ont, avec raison, démontré que l'orgueil, la vanité, l'ambition se rapportaient à un désir unique : *amor habendi.*

---

(1) Dictionnaire philosophique (Avarice.)

L'avare et l'ambitieux sont insatiables, car la possession n'affaiblit pas l'avarice, elle l'augmente : l'avare a beau être riche, il ne l'est jamais, parce que ses désirs, loin de diminuer, augmentent avec son trésor, et de jour en jour, d'heure en heure, l'appauvrissent davantage.

« Un homme malheureux peut ne l'être
» qu'en partie, et ne l'être pas toujours ; mais
» les événemens n'ajoutent pas au malheur de
» l'avare : il ne laisse rien à faire à l'injustice
» des autres ni aux revers de la fortune ; il
» porte au fond du cœur les premiers prin-
» cipes de toute disgrâce, de toute iniquité ;
» iniquité dont il se punit lui-même, puis-
» qu'il est tout à la fois l'auteur et l'exécu-
» teur de son supplice. »

Nous ne résistons pas au désir de mettre en parallèle deux types bien différens dûs au même pinceau ; le *Médecin de Campagne* et le *Père Grandet*, c'est-à-dire l'homme sage, économe et généreux, et le pauvre riche ou le riche honteux. L'un, franc, doux et humain,

toujours riche avec peu ; l'autre, rusé, cir-
conspect et inhumain, toujours pauvre au milieu de l'abondance. Le médecin, toujours égal,
toujours tranquille, toujours noble et généreux. Le millionnaire Grandet, toujours sur
le qui vive, acquérant toujours et ne jouissant
jamais, toujours emprisonné dans sa turpi-
tude et se refusant l'aumône à lui-même. Le
premier meurt au comble du bonheur, le second au dernier degré du malheur, comme
pour prouver que c'est le jugement sain, le
bon esprit, le bon cœur, en un mot, que c'est
la sagesse et non le plus de biens qui nous procure, par la tranquillité de l'âme, la véritable
abondance, le vrai bonheur et les vrais plaisirs.
Maintenant parlons du prodigue qui jette au
vent sa fortune et sa vie. L'avare fait senti-
nelle nuit et jour auprès de son trésor ; le
prodigue, au contraire, se fait gloire de son
déréglement, il s'entoure de faux amis, de
fourbes et de libertins qui le méprisent en le
pillant.

La dissipation a, sur l'avarice, l'avantage
de pouvoir se montrer au grand jour ; mais

c'est un triste avantage d'étaler tant de misère et d'imprévoyance. L'avare se fait des jouissances par la privation même qu'il s'impose ; le dissipateur, par une jouissance prompte, éphémère, se prépare des regrets éternels ; l'avare meurt de faim sur sa cassette, le prodigue meurt de faim et de regrets à l'hôpital.

La dissipation, n'est pas la libéralité, noble et généreux penchant ; ce n'est qu'une *perturbation de l'esprit* qui nous ôte le jugement et le goût, et nous porte, sans discernement et sans choix, à mille dépenses criminelles. L'avarice et la prodigalité sont nos ennemies les plus cruelles, puisque toutes deux nous conduisent à la misère.

Nous ne craignons pas de le dire, la prodigalité déshonore l'esprit comme l'avarice déshonore le cœur : celle-ci nous fait ignorer jusqu'au nom de toutes les vertus ; celle-là nous en interdit l'usage ; par l'une et par l'autre nous nous refusons le nécessaire ou nous nous en privons. C'est une misère en partie double.

Terminons par quelques considérations physiognomoniques sur Paganini, ce sournois et mauvais riche qui saluait si bas nos bons écus de France; Paganini, l'ingrat artiste qui, pour quelques coups d'archet, a emporté vingt malles de notre or sans en laisser tomber une parcelle sur nos pauvres. A Paganini l'italien, à lui seul appartenait l'honneur de cet article, car c'est peut-être le seul artiste avare de notre temps.

Regardez cette sombre figure toute empreinte d'inquiétude, de soucis des petites choses et de cet amour sordide que nous avons essayé de peindre, voyez-le vite, bien vite, car le temps des récriminations est passé, et nous ne pouvons plus, sans lâcheté, écraser l'homme tombé. C'est là ce Paganini, l'exilé de la presse, qui l'a chassé de Paris à tout jamais.

IX.

CONSTRUCTIVITÉ.

— ◆ —

A. Fontaine.

. . . Vandales, Vandales ! ! !

Victor Hugo.

La Constructivité est un des premiers organes découverts par le docteur Gall, il aboutit aux tempes, mais sa situation et son apparence extérieures varient d'après le développement de l'une ou de plusieurs parties voisines (*Alimentivité*, *Tons*, *Idéalité*, *Acquisivité et Secrétivité*). L'organe de la Constructivité est plus difficile à découvrir si les lobes moyens sont très-volumineux, ou si le front est large comme celui de M. Fontaine, ou si l'organe des tons est bien développé, ou enfin si les joues sont trés-saillantes. Lorsque la base du crâne est étroite, le front est situé plus haut, dans ce cas il y a souvent enfoncement à l'angle externe de l'œil, entre cet angle et l'organe, surtout si la peau et les muscles qui recouvrent les tempes sont minces. En examinant cet organe de la constructivité, il faut bien considérer l'épaisseur des tégumens et des muscles qui le recouvrent.

Puisque nous traitons de la construction, nous nous permettrons de jeter un coup d'œil rapide sur la naissance, les progrès et la décadence de l'architecture en France.

Nous avons vu, dans le midi de la France, quelques copies, peut-être quelques débris de l'architecture bâtarde, introduite dans la Gaule par les Romains, architecture dont la pureté reçut, si pureté il y a, vers la fin de l'empire d'Occident, de graves atteintes, et qui acheva de se dégrader sous la domination des Francs.

Une église, près de Lamaloue (1), et que nous visitâmes avec M. Auguste Saint-Hilaire (2), nous a vivement intéressés, bien qu'elle n'offre à la vue que de lourds massifs de maçonnerie d'un fort mauvais goût, sans forme ni ornemens caractéristiques. Des meurtrières lui donnent jour, la bâse et le chapiteau des colonnes, si notre mémoire est fidèle, ont les proportions de l'ordre corinthien, seulement les feuilles d'acanthe sont remplacées par de grotesques ornemens assez grossièrement sculptés.

Un nouveau mode d'architecture s'établit en Europe, sous le règne de Philippe-Auguste, et l'antique *Lutèce ou Lucotèce* (3) vit pour la première fois s'élever dans son sein un vaste édifice sarrazin. Ce nouveau genre, que nous

---

(1) Eaux minérales près Bédarieux, département de l'Hérault.

(2) Membre de l'Académie des sciences, section de botanique.

(3) Histoire de Dulaure, tome 1er., période 1ère. Origine de la nation Parisienne.

(L'éditeur.)

13

nommons gothique aujourd'hui , fit bientôt
oublier à nos bons ancêtres l'architecture pri-
mitive, c'est qu'aussi l'art de bàtir du dou-
zième siècle était bien préférable, à notre avis,
à la maçonnerie *Franco-Romaine*. Est-il rien
de comparable aux formes sveltes et hardies de
l'architecture sarrazine, sa grandeur imposante
fait battre le cœur d'un sentiment de crainte
et de plaisir. Nous n'avons jamais passé devant
Notre-Dame de Paris , sans nous incliner invo-
lontairement devant ces géants de 204 pieds,
qui semblent postés là pour faire respecter le
génie entreprenant de Maurice de Sully (1).

Honneur à Maurice de Sully ! honneur à
l'homme qui eut le courage d'entreprendre
l'entière reconstruction de la vieille cathédrale.

---

(1) Maurice, fut un de ces pauvres écoliers qui demandaient
l'aumône et auxquels l'espoir d'obtenir un bénéfice ecclésiastique
faisait supporter la faim et les difficultés de l'étude. Lorsqu'il fut
chanoine de la cathédrale de Bourg, le siège épiscopal de Paris
devint vacant , les électeurs, partagés d'opinions , remirent leurs
choix à la décision de Maurice de Sully , qui se nomma lui-même
évêque !

(*Gallia Christiana*, *page* 70, *tome VII.*)

Cette année, 1836, il y aura *six cent soixante-treize ans* qu'Alexandre III, qui institua le mariage du doge de Venise avec la mer Adriatique, posa la première pierre de Notre-Dame ! Dix-neuf ans plus tard, Henri, légat du saint Siège, en consacra le maître autel, ce qui nous fait présumer qu'en 1182 le chœur ou au moins le chevet a dû en être achevé. Maurice mourut en 1196, laissant à ses successeurs le soin de poursuivre son plan monstre. Ceux-ci s'en acquittèrent avec bien peu de zèle ou furent bien mal secondés, puisqu'une inscription, placée sous le portail méridional, atteste que l'édifice n'existait pas encore en 1257, époque où la construction en fut commencée par le maître des œuvres (1) Jean de Chelles.

Aucun historien n'a encore déterminé d'une manière précise, l'époque de l'entier achève-

---

(1) On appelait alors maîtres des œuvres, les maçons; ce ne fut que sous le règne de Henri III que les hommes qui faisaient état de la construction portèrent le nom d'Architectes.

DULAURE.

ment de cette église, mais on sait qu'au qua-
torzième siècle on y construisait encore des
chapelles ; ainsi on peut dire que les travaux
de cet immense et admirable édifice, ont du-
ré près de deux cents ans (1) !

L'architecture sarrazine subit vers le quin-
zième siècle des améliorations, d'autres disent
des altérations notables. Rien n'était comparable à sa richesse et à sa délicatesse, et tout
porte à croire qu'elle était parvenue à son apo-
gée, lorsque vers 1423 on commença à inno-
ver et à s'en écarter.

---

(1) Les dimensions de Notre-Dame ont été mises en vers. Les
voici tels qu'ils étaient gravés sur cuivre et placés sur l'un des
piliers.

> Si tu veux savoir comme est ample,
> De Notre-Dame, le grand temple,
> Il y a dans œuvre, pour le seur,
> Dix et sept toises de hauteur,
> Sur la largeur de vingt-quatre,
> Et soixante-cinq, sans rabattre ;
> A de long, aux tours haut montées,
> Trente-quatre sont comptées.
> Le tout fondé sur pilotis,
> Aussi vrai que je te le dis.

Charles V fit gratter et réparer entièrement le vieux Louvre (1) comme on a gratté et réparé l'an dernier nos églises et notre Hôtel-de-Ville ; il fortifia Vincennes et éleva des bastilles autour de Paris. Ces constructions nouvelles amenèrent divers changemens dans l'art de bâtir, l'émulation s'empara des maîtres des œuvres, ils cherchèrent à se surpasser mutuellement et à imprimer un cachet particulier à leurs travaux, peu à peu on vit l'architecture se parer d'ornemens coquets et pittoresques ; enfin, sous Charles VII, on substitua des voûtes très-surbaissées aux voûtes en ogives.

---

(1) François Ier fit démolir ce vieux monument, pour en construire un nouveau, d'après des dessins plus modernes. Pierre Lescot en conduisit les travaux, avec succès et rapidité ; et le corps de bâtiment, qu'on nomme le *vieux Louvre*, fut, sous le règne de Henri II, et en 1548, presqu'entièrement terminé, comme le prouve cette inscription latine, gravée au-dessus de la porte de la salle des Cariatides :

Henricus II, christianissimus, vetustate collapsum refici cœptum d patre Francisco Io, rege christianissimo, mortui sanctissimi parentis memor, pientissimus filius absolvit, anno d salute Christi MDXXXXVIII.

Le XVIe. siècle amena avec lui de nouvelles améliorations ou plutôt de nouveaux changemens, le genre grec prit tout à coup faveur: tout le monde voulut du grec! néanmoins ce furent Pierre Lescot et du Cerceau, c'est-à-dire les deux plus grands architectes de l'époque, qui l'employèrent, pour la première fois avec succès, dans la construction du Louvre et plus tard dans celle des Tuileries que Jean Goujon orna des gracieuses et admirables productions de son ciseau.

Arrivons au siècle de Louis XIV, au grand siècle, à l'ère des grands hommes et des grandes choses. Ici, dégénère sensiblement l'art de bâtir; Openord contribue à cette décadence en substituant les formes tudesques aux formes grecques, et en introduisant dans l'architecture les *Rocailles*, ornemens stupides, et nous pouvons encore en juger, toujours stupidement employés. Voici, à ce sujet, l'opinion de M. Legrand : « Il serait dangereux, » dit-il, au moment où l'on jette les fonde- » mens de tant de monumens publics, de ne » pas classer à leur véritable nom ces préten-

» dus chefs-d'œuvre du siècle de Louis XIV,
» et de ne pas (en louant l'intention du fon-
» dateur) blâmer le système vicieux de ces
» artistes trop vantés. Que leurs productions
» brillent à Paris où rien ne les efface encore ;
» mais que leur réputation, si long-temps
» usurpée, s'éclipse et disparaisse devant
» les beaux édifices de l'Italie antique et mo-
» derne. »

Les étrangers riches ou savans, qui viennent
visiter la métropole du monde civilisé, demandent chaque jour, ce qui nous reste du
vieux Paris? Ils ne savent pas combien cette
simple question est embarrassante, car, après
Notre-Dame, il ne nous reste rien de
l'antique Lutèce, rien ou à peu près ; pardon, mille pardons, il nous reste encore, en
cherchant bien, Saint-Germain l'Auxerrois,
dont le peuple a voulu faire une Mairie dans
les emportemens du carnaval, mais qui, nous
l'espérons, restera une église en dépit des révolutions ; n'oublions pas non plus Saint-
Jacques de la Boucherie, fabrique de plomb ;
Saint-Pierre aux Bœufs, magasin de chiffons ;

l'hôtel de Sens, roulage; la maison de la Couronne d'or, magasin de draps; l'admirable chapelle de Cluny, imprimerie; la Sainte-Chapelle, qu'on répare en ce moment, est le dépôt des paperasses de la Cour des comptes; enfin Saint-Benoît, est un théâtre!

Voilà pour la capitale du monde civilisé; mais en province, si nous en croyons M. Victor Hugo, c'est pis encore, le vandalisme est à l'ordre du jour, c'est pitié! Chambord, qu'il appelle l'Alhambra de la France, chancelle sur ses fondations. A Laon, le dernier monument des rois de la seconde race, la tour de Louis d'Outre-mer a été minée par ordre du Conseil municipal; il reste encore aux Laonnais une église du XIe. siècle, peut-être lui substituera-t-on quelque jour une borne-fontaine! Plus loin, un Préfet jette bas une abbaye du XIVe. siècle, pour démasquer deux fenêtres d'un boudoir; autre part un adjoint illettré fait du sarcophage de Théodeberthe un toit à porcs. A Fécamp, un curé démolit un jubé du XVe. siècle, pour ne pas priver ses paroissiens du plaisir de contempler sa pose majestueuse à l'autel. L'église de Brou, enfant de la même époque, et qui a coûté vingt-quatre millions (1) dans un temps où la journée d'un ouvrier se payait deux sous, tombe en ruines faute d'entretien.

La liste de nos pertes est immense, et il est douloureux de penser que les préfets auraient pu, avec quelques légers sacrifices, arrêter le vandalisme et sauver le peu qui existe encore de notre ancienne splendeur ; bientôt il ne restera plus à la France d'autre monument national que celui *des voyages pittoresques et romantiques de MM. Taylor et Charles Nodier.* Ne devrait-on pas exercer une surveillance active et sévère sur nos monumens antiques; si on écoute toujours ces welches, ces conseillers municipaux, ils détruiront la vieille France pierre à pierre.

---

(1) Cette somme équivaut aujourd'hui à plus de cent cinquante millions.

(L'éditeur.)

Les bonnes raisons ne manquent jamais à
MM. de la bande noire ; ces dévastateurs infatigables disent avec tant de bonhomie : A
quoi servent ces monumens ? à rien ! ça coûte
gros d'entretien et voilà tout. Abattons ; ven-
dons les matériaux, au denier cinq, ça rap-
portera......! C'est bien peu, mais c'est toujours autant de gagné, et les vieux débris des
vieux siècles tombent en huit jours.

Devant certains architectes ces rusés vandales dénigrent l'architecture sarrazine. les
lignes compliquées du moyen âge sont des
barbaries, des anomalies architecturales qu'on
ne saurait trop vite faire oublier et trop tôt
remplacer par de belles maisons à neuf étages ;
et, cette fois encore, vu l'urgence, l'utilité
et la beauté des maisons à neuf étages, qui
ne se louent pas, on morcelle, on assassine
sans pitié le pauvre moyen âge.

Mais terminons ici cette triste archéogra-
phie qui exigerait un volume et revenons à
l'organe de la Constructivité.

Dans un crâne conservé à Rome et qu'on prétend, à tort ou à raison, être celui de Raphaël, cet organe est très-développé. On reconnait aussi la Constructivité dans les portraits de Van-Dyck, du Titien ; Paul Véronèse, Vignole, Lesueur, Rembrandt, Holbein, Carrache, Guido-Reni, Gérard-Dow, etc. et en général chez tous les hommes qui ont excellé dans le dessin, la sculpture ou l'architecture.

M. Victor Hugo a dit quelque part : « M. Fontaine n'a d'un génie que l'épée, » l'habit et le chapeau brodés » ; il n'en est pas moins vrai qu'il possède, à un haut degré, l'organe de la Constructivité. Il n'a rien fait, rien produit qui annonce le génie ! mais est-ce bien sa faute ? Non, non, l'occasion lui aura toujours manqué ; qu'elle se présente et alors, nous n'en doutons pas, M. Fontaine prouvera que s'il n'est pas un Perrault, il est au moins..... de l'Institut. !

M. Victor Hugo a fait aussi la Physiognomonie du premier architecte de l'Europe,

la voici : « bien nourri , bien renté , bouffi
» d'orgueil, presque savant, très-classique,
» bon logicien, fort théoricien, puissant,
» affable au besoin, beau parleur et content
» de lui; tranchant du Mécène, donnant le
» bras au roi et lui soufflant ses plans à l'o-
» reille. »

Voyez et jugez.

FIN DU GENRE PREMIER ET DU PREMIER VOLUME.

TABLE DES MATIÈRES

CONTENUES

DANS LE PREMIER VOLUME.

SECTION PREMIÈRE.

GÉNÉRALITÉS

SUR LA PHRÉNOLOGIE ET LA PHYSIOGNOMONIE.

SECTION DEUXIÈME.

SPÉCIALITÉS MENTALES.

FACULTÉS AFFECTIVES.

FIN DE LA TABLE DU PREMIER VOLUME.

www.ingramcontent.com/pod-product-compliance
Lightning Source LLC
Chambersburg PA
CBHW071701200326
41519CB00012BA/2589